从零开始学

剪映短视频剪辑与运营

◦ 彭旭光　编著 ◦

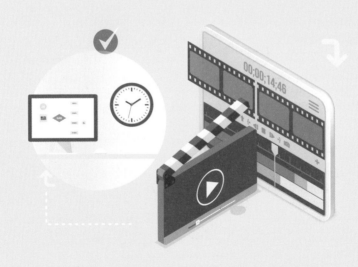

清華大学出版社

北京

内 容 简 介

本书对短视频剪辑和运营进行了全方位的讲解，帮助读者掌握使用剪映剪辑视频和短视频运营技巧。全书分为剪辑制作篇和运营技巧篇，共10章。剪辑制作篇主要介绍了剪映App的剪辑技巧、调色方法、特效效果、字幕编辑和音频剪辑的操作方法，以及案例《秀美河山》的制作流程。运营技巧篇主要介绍了短视频运营中关于账号定位、爆款内容、吸粉引流和商业变现的实用技巧。

本书案例丰富，结构清晰，语言简洁，适合短视频剪辑和运营相关行业的从业人员阅读，也适合作为短视频学习教材，能帮助读者成为短视频剪辑和短视频运营高手。

图书在版编目(CIP)数据

从零开始学剪映短视频剪辑与运营/彭旭光编著. —北京：清华大学出版社，2022.5
ISBN 978-7-302-60551-5

Ⅰ.①从⋯ Ⅱ.①彭⋯ Ⅲ.①视频编辑软件 ②网络营销 Ⅳ.①TN94 ②F713.365.2

中国版本图书馆CIP数据核字(2022)第064053号

责任编辑：张　瑜
封面设计：杨玉兰
责任校对：周剑云
责任印制：杨　艳
出版发行：清华大学出版社
　　　　　网　　　址：http://www.tup.com.cn, http://www.wqbook.com
　　　　　地　　　址：北京清华大学学研大厦A座　　邮　　编：100084
　　　　　社 总 机：010-83470000　　　　　邮　　购：010-62786544
　　　　　投稿与读者服务：010-62776969, c-service@tup.tsinghua.edu.cn
　　　　　质量反馈：010-62772015, zhiliang@tup.tsinghua.edu.cn
印 装 者：天津鑫丰华印务有限公司
经　　销：全国新华书店
开　　本：170mm×240mm　印　　张：16　　字　　数：389千字
版　　次：2022年6月第1版　　印　　次：2022年6月第1次印刷
定　　价：69.80元

产品编号：094204-01

前言

根据 QuestMobile 2021 年 7 月发布的《中国移动互联网 2021 半年大报告》显示，截至 2021 年 6 月，短视频行业的月活跃用户规模为 9.05 亿人，同比增长率 6.2%，用户活跃渗透率 77.8%。从这些数据可以看到，如今已经是一个"人人玩抖音"的短视频时代，用户的阅读习惯也从图文逐渐过渡到了短视频，80% 的娱乐、生活记录或产品推广都以短视频的方式呈现给消费者。

本书主要以抖音官方出品的剪映手机版为主要操作软件，结合实战案例来讲解操作过程；同时，本书还对短视频运营的账号定位、爆款打造、吸粉引流和商业变现 4 个版块进行详细的讲解，希望能够帮助读者提升自己的视频剪辑技能和短视频运营能力。本书的特色主要有以下 3 点。

（1）9 个核心版块，全方位讲解剪映剪辑和短视频运营。从剪映的"剪辑＋调色＋特效＋字幕＋音频"和短视频运营的"定位＋爆款＋引流＋变现"9 大核心内容版块出发，通过丰富的案例，手把手教读者学会剪映的操作技巧和短视频的运营技巧。

（2）10 章重点内容，全方位细致化地教学。本书具体内容包括剪辑技巧、调色方法、特效效果、字幕编辑、音频剪辑、典型案例、账号定位、爆款内容、吸粉引流和商业变现等，采用实战案例讲解，步骤详细，可以帮助大家从新手快速成为短视频剪辑和运营高手。

（3）46 个实操视频，全程跟随学习进度。书中案例内容循序渐进，既配有具体、细致的文字操作步骤，方便读者深层次地理解书中内容；又提供了相应的实操视频，方便读者学习。

特别提示：本书在编写时，是基于当时软件截取的实际操作图片，但书从编辑到出版需要一段时间，在这段时间里，软件界面与功能会有调整与变化，比如有些功能被删除了，或者增加了一些新功能等，这些都是软件开发商进行的软件更新。若图书出版后相关软件有更新，请以更新后的实际情况为准，读者可根据书中的提示，举一反三进行操作即可。

本书由彭旭光编著，参与编写的还有李玲等人，提供视频素材和拍摄帮助的人员有陈小芳、苏苏、杨婷婷、巧慧、徐必文、黄建波以及王甜康等，在此一并表示感谢。由于作者知识水平有限，书中难免有错误和疏漏之处，恳请广大读者批评、指正。

本书效果文件和素材文件请扫描下面二维码。

效果文件　　　　　　　素材文件

编　者

目 录

剪辑制作篇

运营技巧篇

剪辑制作篇

第 1 章

剪辑技巧：
随心所欲剪出片段

如今短视频的剪辑工具越来越多，功能也越来越强大。剪映 App 是抖音推出的一款视频剪辑软件，拥有全面的剪辑功能，如变速、定格及磨皮瘦脸等功能，还有丰富的曲库资源和视频素材资源。本章将从认识剪映开始介绍剪映 App 的具体操作方法。

1.1 认识剪映，快速上手

剪映 App 是一款功能非常全面的手机剪辑软件，能够让用户在手机上轻松完成短视频剪辑。本节介绍剪映 App 的界面和剪映 App 中的常用工具。

1.1.1 导入素材，快速了解界面要点

使用剪映 App 进行短视频剪辑，首先要将相应的视频或图片素材导入到剪映 App 中。下面介绍在剪映 App 中导入素材的操作方法。

扫码看同步视频

步骤 01 在手机屏幕上点击"剪映"图标，如图 1-1 所示，即可打开剪映 App。

步骤 02 进入"剪映"主界面，点击"开始创作"按钮，如图 1-2 所示。

图 1-1 点击"剪映"图标　　　图 1-2 点击"开始创作"按钮

步骤 03 执行操作后，进入"照片视频"界面，选择相应的视频素材，选中"高清画质"单选按钮，如图 1-3 所示。

步骤 04 点击"添加"按钮，即可成功导入相应的视频素材，并进入编辑界面，其界面的组成如图 1-4 所示。

步骤 05 点击预览区域的全屏按钮，即可全屏预览视频效果，如图 1-5 所示。

步骤 06 点击播放按钮，即可播放视频，效果如图 1-6 所示。

图 1-3　选中相应单选按钮　　　　　**图 1-4　编辑界面的组成**

图 1-5　全屏预览视频效果　　　　　**图 1-6　播放视频效果**

1.1.2　工具区域，层次分明方便快捷

剪映 App 的所有剪辑工具都在底部，使用起来非常方便、快捷。在工具栏区域中，不进行任何操作时，我们可以看到一级工具栏，其中有剪辑、音频以及文字等工具，如图 1-7 所示。

扫码看同步视频

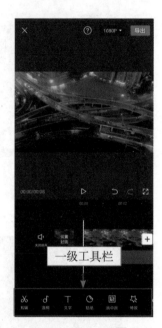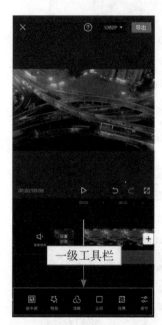

图 1-7　一级工具栏

点击"剪辑"按钮，可以进入剪辑二级工具栏，如图 1-8 所示。点击"音频"按钮，可以进入音频二级工具栏，如图 1-9 所示。

1.1.3　剪辑工具，功能实用操作简单

剪辑工具是剪映 App 中使用频率很高的工具，用户可以使用剪辑二级工具栏中的分割、变速、音量和动画等工具对图片或视频素材进行相应的剪辑操作，以达到满意的效果。下面介绍使用剪映 App 对短视频进行剪辑处理的操作方法。

扫码看同步视频

步骤 01　打开剪映 App，在主界面中点击"开始创作"按钮，如图 1-10 所示。

步骤 02　进入"照片视频"界面，选择合适的视频素材，选中"高清画质"单选按钮，点击右下角的"添加"按钮，如图 1-11 所示。

图1-8　剪辑二级工具栏

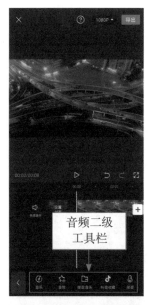

图1-9　音频二级工具栏

图1-10　点击"开始创作"按钮

图1-11　点击"添加"按钮

步骤 03 执行操作后，即可导入该视频素材，点击左下角的"剪辑"按钮，如图 1-12 所示。

步骤 04 执行操作后，进入视频剪辑界面，如图 1-13 所示。

图 1-12 点击"剪辑"按钮

图 1-13 视频剪辑界面

步骤 05 拖曳时间轴至需要分割的位置，如图 1-14 所示。

步骤 06 点击"分割"按钮，即可分割视频，效果如图 1-15 所示。

图 1-14 拖曳时间轴

图 1-15 分割视频效果

步骤 07 选择视频的片尾，点击"删除"按钮，如图 1-16 所示。

步骤 08 执行操作后，即可删除剪映默认添加的片尾，效果如图 1-17 所示。

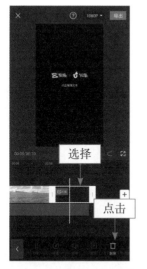

图 1-16 点击"删除"按钮　　　　　　　图 1-17 删除默认片尾的效果

步骤 09 在剪辑二级工具栏中点击"编辑"按钮，可以对视频进行旋转、镜像和裁剪等编辑处理，如图 1-18 所示。

步骤 10 在剪辑二级工具栏中点击"复制"按钮，如图 1-19 所示，即可快速复制选择的视频片段。

图 1-18 视频编辑功能　　　　　　　　图 1-19 点击"复制"按钮

1.2 基础功能，一手掌握

　　剪映 App 功能众多，刚开始使用的用户很难马上掌握全部的功能，用户可以先掌握剪映 App 中一些基础功能的操作方法，如"变速"功能、"定格"功能和"磨皮瘦脸"功能等。本节介绍剪映 App 中一些基础功能的操作方法。

1.2.1 变速功能，蒙太奇变速的效果

　　【效果展示】："变速"功能能够改变视频的播放速度，让画面更有动感。设置变速播放后，可以看到播放速度随着背景音乐的变化而变化，时快时慢，效果如图 1-20 所示。

扫码看同步视频

图 1-20　"变速"功能效果展示

　　下面介绍使用剪映 App 制作曲线变速短视频的操作方法。

　　步骤 01　在剪映 App 中导入一段视频素材，在音频二级工具栏中，点击"提取音乐"按钮，进入"照片视频"界面，选择相应的视频，点击"仅导入视频的声音"按钮，即可为视频素材添加合适的背景音乐，如图 1-21 所示。

　　步骤 02　点击 按钮，返回到一级工具栏，点击"剪辑"按钮，进入剪辑界面，在剪辑二级工具栏中点击"变速"按钮，如图 1-22 所示。

　　步骤 03　执行操作后，底部显示变速操作菜单，如图 1-23 所示，剪映 App 提供了"常规变速"和"曲线变速"两种功能。

　　步骤 04　点击"常规变速"按钮，进入相应编辑界面，拖曳红色的圆环滑块，

如图 1-24 所示，即可调整整段视频的播放速度。

图 1-21　添加背景音乐的效果

图 1-22　点击"变速"按钮

图 1-23　显示变速操作菜单

图 1-24　拖曳滑块

步骤 05　点击 ✔ 按钮，返回到变速操作菜单，点击"曲线变速"按钮，进入"曲线变速"编辑界面，如图 1-25 所示。

步骤 06　选择"自定"选项，点击"点击编辑"按钮，如图 1-26 所示。

图1-25　进入"曲线变速"编辑界面

图1-26　点击"点击编辑"按钮

步骤 07　进入"自定"编辑界面，系统会自动添加一些变速点，拖曳时间轴至相应变速点上，再向上拖曳该变速点，如图1-27所示，即可加快播放速度。

步骤 08　拖曳时间轴至相应变速点上，再向下拖曳该变速点，如图1-28所示，即可放慢播放速度。

图1-27　向上拖曳变速点

图1-28　向下拖曳变速点

步骤 09　点击 ✓ 按钮，返回到"曲线变速"编辑界面，选择"蒙太奇"选项，如图1-29所示。

步骤 10　点击"点击编辑"按钮，进入"蒙太奇"编辑界面，将时间轴拖曳到需要进行变速处理的位置，如图 1-30 所示。

图 1-29　选择"蒙太奇"选项　　　　　　图 1-30　拖曳时间轴至相应位置

步骤⑪　点击 ➕添加点 按钮，即可添加一个变速点，效果如图 1-31 所示。

步骤⑫　将时间轴拖曳到需要删除的变速点上，如图 1-32 所示。

图 1-31　添加变速点效果　　　　　　图 1-32　拖曳时间轴至相应变速点

步骤⑬　点击 ➖删除点 按钮，即可删除所选的变速点，效果如图 1-33 所示。

步骤⑭　根据背景音乐的节奏，调整变速点的位置，如图 1-34 所示，即可完成曲线变速的设置。

图 1-33　删除变速点效果

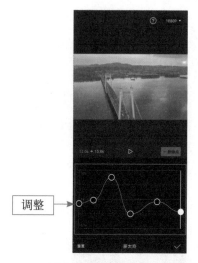

调整

图 1-34　调整变速点位置效果

1.2.2　定格功能，制作拍照定格效果

【效果展示】："定格"功能能够将视频中的某一帧画面定格并持续 3 秒。可以看到，在视频中突然一个闪白，画面就像被照相机拍成照片一样定格了，接着画面又继续动起来，效果如图 1-35 所示。

扫码看同步视频

图 1-35　"定格"功能效果展示

下面介绍使用剪映 App 制作视频定格效果的操作方法。

步骤 01 在剪映 App 中导入一段素材，为其添加相应的背景音乐，如图 1-36 所示。

步骤 02 点击底部的"剪辑"按钮，进入剪辑编辑界面，拖曳时间轴至需要定格的位置处；在剪辑二级工具栏中点击"定格"按钮，如图 1-37 所示。

图 1-36 添加背景音乐

图 1-37 点击"定格"按钮

步骤 03 执行操作后，即可自动分割出所选的定格画面，该片段将持续 3 秒，如图 1-38 所示。

步骤 04 点击 按钮，返回到一级工具栏，依次点击"音频"按钮和"音效"按钮，进入相应界面，在"机械"音效选项卡中点击"拍照声 1"选项右侧的"使用"按钮，如图 1-39 所示。

步骤 05 执行操作后，即可添加一个拍照音效，将音效轨道调整至合适位置，效果如图 1-40 所示。

步骤 06 返回主界面，依次点击"特效"按钮和"画面特效"按钮，进入相应界面，在"基础"特效选项卡中选择"白色渐显"特效，如图 1-41 所示。

步骤 07 执行操作后，即可为视频添加一个"白色渐显"特效，如图 1-42 所示。

步骤 08 调整"白色渐显"特效的持续时间和位置，如图 1-43 所示。

图1-38 分割出定格片段画面

图1-39 点击"使用"按钮

图1-40 调整音效位置效果

图1-41 选择"白色渐显"特效

图 1-42　添加"白色渐显"特效　　　　图 1-43　调整特效的持续时间和位置

1.2.3　磨皮瘦脸，打造人物精致面容

【效果展示】："磨皮瘦脸"功能对人物的皮肤和脸型有
一定的美化作用。可以看到对人物进行磨皮和瘦脸后，人物的
皮肤更加细腻了，脸蛋也更娇小了，效果如图 1-44 所示。

扫码看同步视频

图 1-44　"磨皮瘦脸"功能效果展示

下面介绍使用"磨皮瘦脸"功能美化人物的操作方法。

步骤 01　在剪映 App 中导入一段视频素材，点击"剪辑"按钮，如图 1-45 所示。

步骤 02 进入剪辑二级工具栏，点击"美颜美体"按钮，如图 1-46 所示。

图 1-45　点击"剪辑"按钮

图 1-46　点击"美颜美体"按钮

步骤 03 执行操作后，进入"美颜美体"编辑界面，在"美颜"选项卡中，选择"磨皮"选项，向右拖曳滑块，如图 1-47 所示，即可使人物的皮肤更加细腻。

步骤 04 选择"瘦脸"选项，向右拖曳滑块，如图 1-48 所示，即可使人物的脸型更加完美。

图 1-47　向右拖曳滑块（1）

图 1-48　向右拖曳滑块（2）

1.3 进阶操作，玩出花样

掌握了剪映 App 一些基本功能的操作方法后，用户已经可以制作出不错的视频作品了。为了使视频更美观、更具吸引力，用户可以使用剪映 App 的一些功能为视频添加相应的特效或绿幕素材，丰富视频的内容；也可以使用剪映 App 的"一键成片"功能，快速剪辑出好看的视频。

1.3.1 添加特效，丰富画面提高档次

【效果展示】：添加特效能够丰富短视频画面的内容，提高短视频的档次。可以看到画面变得模糊了，当画面被甩入的时候，泡泡从左下角进入画面且画面清晰，效果如图 1-49 所示。

扫码看同步视频

图 1-49　添加特效效果展示

下面介绍使用剪映 App 为短视频添加特效的操作方法。

步骤 01 在剪映 App 中导入一段素材，点击一级工具栏中的"特效"按钮，如图 1-50 所示。

步骤 02 执行操作后，进入特效二级工具栏，点击"画面特效"按钮，如图 1-51 所示，即可进入相应界面。

步骤 03 切换至"基础"选项卡，选择"模糊"特效，如图 1-52 所示。

步骤 04 点击 ✓ 按钮，按住特效轨道右侧的白色拉杆向右拖曳，即可调整特效时长，如图 1-53 所示。

步骤 05 点击 《 按钮，返回到特效二级工具栏，点击"画面特效"按钮，进入相应界面，在"氛围"选项卡中选择"泡泡"特效，如图 1-54 所示。

步骤 06 调整"泡泡"特效的时长，如图 1-55 所示。

图 1-50　点击"特效"按钮

图 1-51　点击"画面特效"按钮

图 1-52　选择"模糊"特效

图 1-53　调整特效时长

图 1-54　选择"泡泡"特效

图 1-55　调整特效时长

1.3.2　色度抠图，快速抠出绿幕素材

【效果展示】："色度抠图"是剪映 App 中一种非常实用的功能，只要选择需要抠除的颜色，再对该颜色的强度和阴影进行调节，即可抠除不需要的颜色。设置了"色度抠图"可以看到原本在绿幕素材里的飞机经过色度抠图后，与天空背景完美融合，非常逼真，效果如图 1-56 所示。

扫码看同步视频

图 1-56　"色度抠图"功能效果展示

下面介绍使用剪映 App 的"色度抠图"功能抠图的操作方法。

步骤 01 在剪映 App 中导入一段素材，点击一级工具栏中的"画中画"按钮，如图 1-57 所示。

步骤 02 执行操作后，进入相应界面，点击"新增画中画"按钮，如图 1-58 所示。

图 1-57 点击"画中画"按钮

图 1-58 点击"新增画中画"按钮

步骤 03 执行操作后，进入"照片视频"界面，切换至"素材库"选项卡，如图 1-59 所示。

步骤 04 在"绿幕素材"选项区中，选择飞机飞过的绿幕素材，点击"添加"按钮，如图 1-60 所示。

步骤 05 执行操作后，即可将绿幕素材添加到画中画轨道，效果如图 1-61 所示。

步骤 06 在预览区域中调整画面的大小和位置，拖曳时间轴至飞机出来的位置，点击工具栏中的"色度抠图"按钮，如图 1-62 所示。

步骤 07 执行操作后进入"色度抠图"界面，预览区域会出现一个取色器，拖曳取色器至需要抠除颜色的位置，选择"强度"选项；拖曳滑块，将其参数设置为 100，如图 1-63 所示。

步骤 08 选择"阴影"选项，拖曳滑块，将其参数同样设置为 100，如

图 1-64 所示，即可完成色度抠图的所有操作。

图 1-59　切换至"素材库"选项卡

图 1-60　点击"添加"按钮

图 1-61　添加绿幕素材

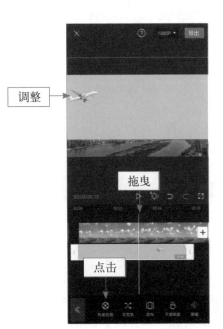

图 1-62　点击"色度抠图"按钮

图 1-63　设置"强度"参数　　　　图 1-64　设置"阴影"参数

1.3.3　一键成片，功能实用操作简单

【效果展示】："一键成片"是剪映 App 为了方便用户剪辑推出的一个功能，操作简单，实用性也非常强，效果如图 1-65 所示。

扫码看同步视频

图 1-65　"一键成片"功能效果展示

下面介绍使用剪映 App "一键成片"功能编辑短视频的操作方法。

步骤01 打开剪映 App，在主界面中点击"一键成片"按钮，如图 1-66 所示。

步骤02 进入"照片视频"界面，选择需要剪辑的素材，点击"下一步"按钮，如图 1-67 所示。

图 1-66 点击"一键成片"按钮

图 1-67 点击"下一步"按钮

步骤03 执行操作后，显示合成效果的进度，如图 1-68 所示。

步骤04 稍等片刻视频即可制作完成，自动播放预览；下方还提供了其他的视频模板，如图 1-69 所示。

步骤05 用户可自行选择喜欢的模板，点击"点击编辑"按钮，如图 1-70 所示。

步骤06 默认进入"视频编辑"界面，点击下方的"点击编辑"按钮；可选择"拍摄""替换""裁剪"或"音量"等选项来编辑素材，如图 1-71 所示。

步骤07 切换至"文本编辑"选项卡，选择需要更改的文字，点击"点击编辑"按钮，如图 1-72 所示，即可对文字重新进行编辑。

步骤08 点击"导出"按钮，如图 1-73 所示。

步骤09 执行操作后，进入"导出选择"界面，用户可以根据需要选择相应的导出选项，如选择"导出"选项，如图 1-74 所示。

步骤10 执行操作后，即可开始导出视频，并显示导出进度，如图 1-75 所示。

图 1-68　显示合成效果的进度

图 1-69　提供的视频模板

图 1-70　点击"点击编辑"按钮

图 1-71　选择编辑功能

图 1-72　点击"点击编辑"按钮

图 1-73　点击"导出"按钮

图 1-74　选择"导出"选项

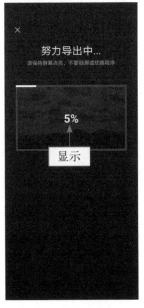

图 1-75　显示导出进度

第 2 章

调色方法：
调出心动的高级感

如今，人们的欣赏眼光越来越高，喜欢、追求有创造性的短视频作品。因此在后期对短视频的色调进行处理时，不仅要突出画面主体，还需要表现出适合主题的艺术气息，实现完美的色调视觉效果。本章主要介绍去掉杂色、鲜花色调、人物色调及青橙色调等色调的调色技巧。

2.1 基本调色,轻松掌握

调色是指改变特定的色调以形成不同感觉的另一色调图片的方法。用户可以使用剪映 App 进行个性化的调色,以得到满意的视频效果。下面介绍使用剪映 App 进行基本调色的操作方法。

2.1.1 去掉杂色,留下黑金化繁为简

【效果展示】:去掉杂色能够让画面的色彩更加具有冲击力。可以看到调色后的视频中只留下了黑色和金色,画面看上去更有质感,效果如图 2-1 所示。

扫码看同步视频

图 2-1 去掉杂色效果展示

下面介绍使用剪映 App 去掉杂色制作黑金色调的操作方法。

步骤 01 在剪映 App 中导入相应的素材,选择视频轨道,点击"滤镜"按钮,如图 2-2 所示。

步骤 02 切换至"黑白"选项卡,选择"黑金"滤镜,如图 2-3 所示。

步骤 03 返回到剪辑二级工具栏,点击"调节"按钮,如图 2-4 所示。

步骤 04 进入"调节"界面,选择"亮度"选项,拖曳滑块,将其参数调至15,如图 2-5 所示。

步骤 05 选择"饱和度"选项,拖曳滑块,将其参数调至12,如图 2-6 所示。

步骤 06 选择"锐化"选项,拖曳滑块,将其参数调至28,如图 2-7 所示。

步骤 07　选择"高光"选项，拖曳滑块，将其参数调至 8，如图 2-8 所示。

步骤 08　选择"色调"选项，拖曳滑块，将其参数调至 28，如图 2-9 所示。

图 2-2　点击"滤镜"按钮

图 2-3　选择"黑金"滤镜

图 2-4　点击"调节"按钮

图 2-5　调节"亮度"参数

图 2-6　调节"饱和度"参数

图 2-7　调节"锐化"参数

图 2-8　调节"高光"参数

图 2-9　调节"色调"参数

步骤 09　返回到一级工具栏，点击"画中画"按钮，如图 2-10 所示。

步骤 10　执行操作后，点击"新增画中画"按钮，如图 2-11 所示。

步骤 11　再次导入素材，在预览区域放大视频画面，使其铺满屏幕，点击"蒙版"按钮，如图 2-12 所示。

步骤 ⑫ 进入"蒙版"界面，选择"线性"蒙版，在预览区域顺时针旋转蒙版 90°，如图 2-13 所示。

图 2-10　点击"画中画"按钮

图 2-11　点击"新增画中画"按钮

图 2-12　点击"蒙版"按钮

图 2-13　旋转蒙版

步骤 ⑬ 在预览区域将蒙版拖曳至画面的最左侧，如图 2-14 所示。

步骤 ⑭ 点击 ✓ 按钮，返回到相应界面，点击 ◇ 按钮，如图 2-15 所示。

图 2-14　拖曳蒙版

图 2-15　点击相应按钮

步骤⑮ 执行操作后，即可添加一个关键帧，拖曳时间轴至 3s 的位置，点击"蒙版"按钮，如图 2-16 所示。

步骤⑯ 在预览区域将蒙版拖曳至画面的最右侧，效果如图 2-17 所示。

图 2-16　点击"蒙版"按钮

图 2-17　拖曳蒙版

步骤⑰ 返回到一级工具栏，点击"音频"按钮，在音频二级工具栏中点击"提取音乐"按钮，如图 2-18 所示。

步骤⑱ 执行操作后，进入"照片视频"界面，选择相应视频，点击"仅导入视频的声音"按钮，即可为视频添加合适的背景音乐，效果如图 2-19 所示。

图 2-18 点击"提取音乐"按钮　　　　图 2-19 添加背景音乐效果

2.1.2 鲜花色调，色彩浓郁氛围感强

【效果展示】：鲜花调色能够让原本暗淡的花朵变得娇艳欲滴。可以看到，调色后的画面色调整体偏冷色调，而且比原来的画面更清晰透亮，效果如图 2-20 所示。

扫码看同步视频

图 2-20 鲜花色调效果展示

下面介绍使用剪映 App 调出鲜花色调的操作方法。

步骤 ⑴ 在剪映 App 中导入需要调色的素材，选择视频轨道，拖曳其右侧的白色拉杆，将时长设置为 4.0s，如图 2-21 所示。

步骤 ⑵ 拖曳时间轴至 2s 的位置，点击"分割"按钮，如图 2-22 所示。

图 2-21　设置视频时长

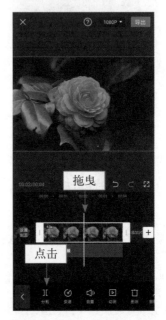

图 2-22　点击"分割"按钮

步骤 ⑶ 执行操作后，即可将视频分割为两段，点击两段视频中间的转场按钮，如图 2-23 所示。

步骤 ⑷ 选择"基础转场"选项卡中的"向右擦除"转场，拖曳滑块，调整转场时长，如图 2-24 所示。

步骤 ⑸ 点击 ✓ 按钮返回，选择第 2 段视频轨道，点击"滤镜"按钮，如图 2-25 所示。

步骤 ⑹ 进入"滤镜"界面，选择"风景"选项卡中的"暮色"滤镜，拖曳滑块，将其参数调整为 50，如图 2-26 所示。

步骤 ⑺ 点击 ✓ 按钮，返回到剪辑二级工具栏，点击"调节"按钮，进入"调节"界面，选择"亮度"选项，拖曳滑块，将其参数调至 15，如图 2-27 所示。

步骤 ⑻ 在"调节"界面中，选择"对比度"选项，拖曳滑块，将其参数调至 18，如图 2-28 所示。

步骤 ⑼ 在"调节"界面中，选择"饱和度"选项，拖曳滑块，将其参数调至 12，如图 2-29 所示。

步骤⑩ 在"调节"界面中，选择"锐化"选项，拖曳滑块，将其参数调至 31，如图 2-30 所示。

图 2-23　点击转场按钮

图 2-24　调整转场时长

图 2-25　点击"滤镜"按钮

图 2-26　调整滤镜参数

图2-27　调节"亮度"参数

图2-28　调节"对比度"参数

图2-29　调节"饱和度"参数

图2-30　调节"锐化"参数

步骤⑪　选择"高光"选项，拖曳滑块，将其参数调至14，如图2-31所示。

步骤⑫　选择"阴影"选项，拖曳滑块，将其参数调至15，如图2-32所示。

步骤⑬　选择"色温"选项，拖曳滑块，将其参数调至-16，如图2-33所示。

步骤⑭　选择"色调"选项，拖曳滑块，将其参数调至17，如图2-34所示。

图 2-31 调节"高光"参数

图 2-32 调节"阴影"参数

图 2-33 调节"色温"参数

图 2-34 调节"色调"参数

2.1.3 人物调色，肤白貌美小清新感

【效果展示】：人物调色，顾名思义就是对人物的一种调色方法。可以看到，经过调色后的人物素材整体呈现一个提亮效果，给人一种小清新的感觉，效果如图2-35所示。

扫码看同步视频

图2-35　人物调色效果展示

下面介绍在剪映中对人物素材进行调色的操作方法。

步骤 01 在剪映App中导入需要调色的人物素材，选择第2段视频轨道；点击"滤镜"按钮，如图2-36所示。

步骤 02 执行操作后，进入"滤镜"界面，切换至Vlog选项卡，选择"淡奶油"滤镜，拖曳滑块，调整滤镜应用程度参数，如图2-37所示。

步骤 03 返回点击"调节"按钮，如图2-38所示。

步骤 04 进入"调节"界面，选择"亮度"选项，拖曳滑块，将其参数调至−16，如图2-39所示。

步骤 05 选择"对比度"选项，拖曳滑块，将参数调至27，如图2-40所示。

步骤 06 选择"饱和度"选项，拖曳滑块，将参数调至13，如图2-41所示。

图 2-36　点击"滤镜"按钮

图 2-37　调整滤镜应用程度参数

图 2-38　点击"调节"按钮

图 2-39　调节"亮度"参数

图 2-40　调节"对比度"参数

图 2-41　调节"饱和度"参数

步骤 07 选择"锐化"选项，拖曳滑块，将其参数调至 41，如图 2-42 所示。

步骤 08 选择"色温"选项，拖曳滑块，将其参数调至 -19，如图 2-43 所示。

图 2-42　调节"锐化"参数

图 2-43　调节"色温"参数

步骤 ⑨ 返回并点击转场按钮 □，如图 2-44 所示。

步骤 ⑩ 在"转场"界面的"基础转场"选项卡中，选择"向右擦除"转场，拖曳滑块，调整转场时长，如图 2-45 所示。

图 2-44　点击转场按钮

图 2-45　调整转场时长

2.2　网红调色，准确运用

　　如果用户希望自己的视频美观、具有吸引力，可以使用剪映 App 对视频进行一些网红调色，如将色调调整为青橙色调、赛博朋克色调和日落色调等。下面介绍使用剪映 App 进行网红调色的操作方法。

2.2.1　青橙色调，冷暖色的强烈对比

　　【效果展示】：青橙色调是一种由青色和橙色组成的色调，可以看到，调色后的视频整体呈现青、橙两种颜色，一个冷色调，一个暖色调，色彩对比非常鲜明，效果如图 2-46 所示。

扫码看同步视频

图 2-46　青橙色调效果展示

下面介绍使用剪映 App 调出青橙色调的操作方法。

步骤 01　在剪映 App 中导入相应的素材，选择视频轨道；拖曳时间轴至相应位置处，点击"分割"按钮，如图 2-47 所示。

步骤 02　点击两段视频中间的转场按钮，如图 2-48 所示。

图 2-47　点击"分割"按钮

图 2-48　点击转场按钮

步骤 03 进入"转场"界面，选择"基础转场"选项卡中的"向右擦除"转场；拖曳白色圆环滑块，调整转场时长，如图 2-49 所示。

步骤 04 返回选择第 2 段视频轨道，点击"滤镜"按钮，如图 2-50 所示。

图 2-49 调整转场时长

图 2-50 点击"滤镜"按钮

步骤 05 进入"滤镜"界面，选择"复古"选项卡中的"落叶棕"滤镜；拖曳滑块，调整滤镜应用程度参数，如图 2-51 所示。

步骤 06 返回点击"调节"按钮，如图 2-52 所示。

步骤 07 执行操作后，进入"调节"界面，选择"亮度"选项；拖曳滑块，将其参数调至 -8，如图 2-53 所示。

步骤 08 在"调节"界面中，选择"饱和度"选项；拖曳滑块，将其参数调至 34，如图 2-54 所示。

步骤 09 选择"光感"选项，拖曳滑块，将其参数调至 -5，如图 2-55 所示。

步骤 10 选择"锐化"选项，拖曳滑块，将其参数调至 13，如图 2-56 所示。

步骤 11 选择"高光"选项，拖曳滑块，将其参数调至 -15，如图 2-57 所示。

步骤 12 选择"色温"选项，拖曳滑块，将其参数调至 -20，如图 2-58 所示。

步骤 13 选择"色调"选项，拖曳滑块，将其参数调至 26，如图 2-59 所示。

步骤 14 返回到一级工具栏，拖曳时间轴至起始位置处，为视频添加合适的背景音乐，如图 2-60 所示。

图 2-51　调整滤镜应用程度参数

图 2-52　点击"调节"按钮

图 2-53　调节"亮度"参数

图 2-54　调节"饱和度"参数

图 2-55 调节"光感"参数

图 2-56 调节"锐化"参数

图 2-57 调节"高光"参数

图 2-58 调节"色温"参数

图 2-59 调节"色调"参数

图 2-60 添加背景音乐

2.2.2 赛博朋克，霓虹光感暖色点缀

【效果展示】：赛博朋克色调是偏冷色调，其主要由蓝色和洋红色构成。可以看到，原本有许多色彩的霓虹灯经过调色后只留下了青蓝色和少量洋红色，效果如图 2-61 所示。

扫码看同步视频

图 2-61 赛博朋克色调效果展示

下面介绍使用剪映 App 调出赛博朋克色调的操作方法。

步骤 ①1 在剪映 App 中导入相应的素材，选择第 2 段视频轨道，点击"滤镜"按钮，如图 2-62 所示。

步骤 ②2 进入"滤镜"界面，切换至"风格化"选项卡，选择"赛博朋克"滤镜，如图 2-63 所示。

图 2-62 点击"滤镜"按钮

图 2-63 选择"赛博朋克"滤镜

步骤 ③3 返回点击"调节"按钮，进入"调节"界面，选择"亮度"选项，拖曳滑块，将其参数调至 10，如图 2-64 所示。

步骤 ④4 选择"对比度"选项，拖曳滑块，将参数调至 10，如图 2-65 所示。

步骤 ⑤5 选择"饱和度"选项，拖曳滑块，将其参数调至 -15，如图 2-66 所示

步骤 ⑥6 选择"锐化"选项，拖曳滑块，将其参数调至 19，如图 2-67 所示

步骤 ⑦7 选择"色温"选项，拖曳滑块，将其参数调至 50，如图 2-68 所示

步骤 ⑧8 选择"色调"选项，拖曳滑块，将其参数调至 -13，如图 2-69 所示

步骤 ⑨9 返回点击转场按钮 ，进入"转场"界面，选择"基础转场"选项卡中的"闪白"转场；拖曳滑块，调整转场时长，如图 2-70 所示。

步骤 ⑩10 返回拖曳时间轴至相应位置处，依次点击"音频"按钮和"音效"按钮，切换至"机械"选项卡；点击"拍照声 2"音效右侧的"使用"按钮，如图 2-71 所示。

图 2-64　调节"亮度"参数

图 2-65　调节"对比度"参数

图 2-66　调节"饱和度"参数

图 2-67　调节"锐化"参数

图 2-68　调节"色温"参数

图 2-69　调节"色调"参数

图 2-70　调整转场时长

图 2-71　点击"使用"按钮

步骤 ⑪ 执行操作后，即可添加 1 个"拍照声 2"音效，如图 2-72 所示。

步骤 ⑫ 拖曳时间轴至起始位置处，为视频添加合适的背景音乐，如图 2-73 所示。

图 2-72 添加相应音效　　　　　　　图 2-73 为视频添加背景音乐

2.2.3　日落色调，唯美浪漫的粉紫色

【效果展示】：日落色调是一种偏粉紫色的色调，用来调节夕阳短视频非常漂亮，给人一种唯美浪漫的感觉，效果如图 2-74 所示。为了更直观地看出调色前后的差异，还可以将调色前和调色后的视频制作成一个调色对比视频。

扫码看同步视频

图 2-74 日落色调效果展示

下面介绍使用剪映 App 调节日落色调的操作方法。

步骤 ①　在剪映 App 中导入需要调色的日落素材，选择视频轨道，点击"滤镜"按钮，如图 2-75 所示。

步骤 ②　进入"滤镜"界面，选择"风景"选项卡中的"暮色"滤镜，拖曳滑块，调整滤镜应用程度参数，如图 2-76 所示。

图 2-75　点击"滤镜"按钮

图 2-76　调整滤镜应用程度参数

步骤 ③　返回点击"调节"按钮，进入"调节"界面，选择"亮度"选项，拖曳滑块，将其参数调至 20，如图 2-77 所示。

步骤 ④　选择"对比度"选项，拖曳滑块，将其参数调至 5，如图 2-78 所示。

步骤 ⑤　选择"饱和度"选项，拖曳滑块，将其参数调至 24，如图 2-79 所示。

步骤 ⑥　选择"锐化"选项，拖曳滑块，将其参数调至 50，如图 2-80 所示。

步骤 ⑦　选择"高光"选项，拖曳滑块，将其参数调至 25，如图 2-81 所示。

步骤 ⑧　选择"色温"选项，拖曳滑块，将其参数调至 -15，如图 2-82 所示。

步骤 ⑨　选择"色调"选项，拖曳滑块，将其参数调至 33，如图 2-83 所示。

步骤 ⑩　返回依次点击"画中画"按钮和"新增画中画"按钮，导入未调色的素材，在预览区域放大视频画面，使其占满屏幕，如图 2-84 所示。

步骤 ⑪　返回点击"比例"按钮，选择 9 ∶ 16 选项，如图 2-85 所示。

步骤 ⑫　返回点击"画中画"按钮，在预览区域适当调整两段视频画面的位置，如图 2-86 所示。

图 2-77　调节"亮度"参数

图 2-78　调节"对比度"参数

图 2-79　调节"饱和度"参数

图 2-80　调节"锐化"参数

图 2-81 调节"高光"参数

图 2-82 调节"色温"参数

图 2-83 调节"色调"参数

图 2-84 放大视频画面

图 2-85 选择 9 ∶ 16 选项

图 2-86 调整画面位置

步骤⑬ 返回依次点击"文字"按钮和"新建文本"按钮，如图 2-87 所示。

步骤⑭ 在文本框中输入相应的文字内容，设置合适的字体格式，在预览区域调整文字的位置和大小，如图 2-88 所示。

图 2-87 点击"新建文本"按钮

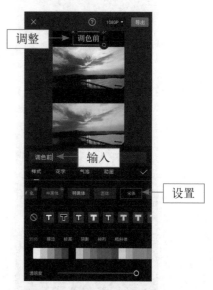

图 2-88 调整文字位置和大小

步骤⑮ 返回拖曳文本轨道右侧的白色拉杆，调整其显示时长；点击"复制"按钮，如图 2-89 所示。

步骤⑯ 执行操作后，修改文本框中的文字内容，调整文字的位置，如图 2-90 所示。

图 2-89 点击"复制"按钮

图 2-90 调整文字位置

步骤⑰ 返回依次点击"特效"按钮和"画面特效"按钮，进入相应界面，切换至"纹理"选项卡，选择"磨砂纹理"特效，如图 2-91 所示。

步骤⑱ 返回拖曳"磨砂纹理"特效轨道右侧的白色拉杆，调整特效时长，效果如图 2-92 所示。

图 2-91 选择"磨砂纹理"特效

图 2-92 调整特效时长

步骤⑲ 拖曳时间轴至起始位置处，为视频添加合适的背景音乐，如图 2-93 所示。

图2-93 添加背景音乐

第 3 章

特效效果:
成就后期高手之路

在短视频平台上,经常可以刷到很多特效,画面炫酷又神奇,受大众的喜爱,轻轻松松就能收获百万点赞。本章主要介绍颜色渐变、多相框门、雪花纷飞、特效转场、动画转场以及仙女变身等特效的制作技巧,让大家也能收获百万点赞。

3.1　视频特效，提升观感

　　为视频画面添加合适的特效可以使画面美观、具有观赏性。用户可以使用"滤镜"功能、"蒙版"功能和"缩放"功能制作出特效效果，也可以直接使用剪映App中的"特效"功能添加相应特效。下面介绍添加视频特效的几种方法。

3.1.1　颜色渐变，让树叶快速变色

　　【效果展示】：剪映App能轻松制作火爆全网的树叶颜色渐变短视频，效果如图3-1所示。可以看到原本黄绿色的树木慢慢变成了棕褐色。

扫码看同步视频

图3-1　颜色渐变效果展示

　　下面介绍使用剪映App制作树叶颜色渐变短视频的具体操作方法。

　　步骤 01　在剪映App中导入相应素材，拖曳时间轴至开始变色的位置处；选择视频轨道，点击◇按钮，添加一个关键帧，如图3-2所示。

　　步骤 02　拖曳时间轴至渐变结束的位置，点击◇按钮，再添加一个关键帧，如图3-3所示。

　　步骤 03　点击下方工具栏中的"滤镜"按钮，在"滤镜"界面的"风景"选项卡中选择"远途"滤镜，如图3-4所示。

　　步骤 04　点击✓按钮返回，点击下方工具栏中的"调节"按钮，在"调节"界面中选择"亮度"选项；拖曳白色圆环滑块，将其参数设置为-25，如图3-5所示。

图 3-2　添加关键帧（1）

图 3-3　添加关键帧（2）

图 3-4　选择"远途"滤镜

图 3-5　设置"亮度"参数

步骤 05　选择"饱和度"选项，拖曳白色圆环滑块，将其参数设置为 -43，如图 3-6 所示。

步骤 06　选择"锐化"选项，拖曳白色圆环滑块，将其参数设置为 39，如图 3-7 所示。

图 3-6 设置"饱和度"参数

图 3-7 设置"锐化"参数

步骤 07 选择"色温"选项，拖曳白色圆环滑块，将其参数设置为 50，如图 3-8 所示。

步骤 08 点击 ✓ 按钮添加调节效果，拖曳时间轴至第 1 个关键帧的位置处，点击"滤镜"按钮，拖曳"滤镜"界面上方的白色圆环滑块，将其参数设置为 0，如图 3-9 所示。

图 3-8 设置"色温"参数

图 3-9 设置"滤镜"参数

3.1.2 多相框门，矩形蒙版的缩放

【效果展示】：多相框门是使用剪映 App 的"蒙版"功能和"缩放"功能制作而成。制作好的视频画面看上去就像有许多扇门一样，给人一种神奇的视觉效果，如图 3-10所示。

扫码看同步视频

图 3-10　多相框门效果展示

下面介绍使用剪映 App 制作多相框门短视频的操作方法。

步骤 01　在剪映 App 中导入相应的素材，选择视频轨道，点击"蒙版"按钮，如图 3-11 所示。

步骤 02　进入"蒙版"界面，选择"矩形"蒙版；在预览区域调整蒙版大小，点击"反转"按钮，如图 3-12 所示。

步骤 03　返回到剪辑二级工具栏，连续两次点击"复制"按钮，如图 3-13 所示。

步骤 04　点击"画中画"按钮，选择第 3 段视频轨道，点击"切画中画"按钮，如图 3-14 所示。

步骤 05　将画中画轨道拖曳至起始位置处；选择画中画轨道，在预览区域适当缩小其画面；连续两次点击"复制"按钮，如图 3-15 所示。

步骤 06　用与上同样的方法，再添加多条画中画轨道，并在预览区域将其画面逐层缩小，如图 3-16 所示。

步骤 07　选择最后一条画中画轨道中的第 1 段画中画轨道，点击"蒙版"按

钮，如图 3-17 所示。

步骤 ⑧ 进入"蒙版"界面，点击"反转"按钮，如图 3-18 所示。

图 3-11　点击"蒙版"按钮

图 3-12　点击"反转"按钮

图 3-13　点击"复制"按钮

图 3-14　点击"切画中画"按钮

图 3-15　点击"复制"按钮

图 3-16　添加多条画中画轨道

图 3-17　点击"蒙版"按钮

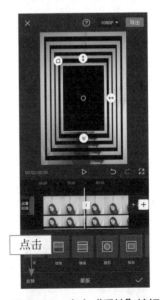

图 3-18　点击"反转"按钮

步骤 09　用与上同样的方法，将最后一条画中画轨道中的第 2 段画中画轨道的蒙版也反转一下。选择第 1 段视频轨道，依次点击"动画"按钮和"入场动画"按钮，如图 3-19 所示。

步骤 10　选择"放大"动画，拖曳滑块，将"动画时长"调整为 0.5s，如

图 3-20 所示。

图 3-19 点击"入场动画"按钮

图 3-20 调整"动画时长"

步骤 ⑪ 选择第 2 段视频轨道，点击"出场动画"按钮，如图 3-21 所示。

步骤 ⑫ 选择"缩小"动画，拖曳滑块，将"动画时长"调整为 0.5s，如图 3-22 所示。

图 3-21 点击"出场动画"按钮

图 3-22 调整"动画时长"（1）

步骤 ⑬ 用同样的方法，为所有画中画轨道分别添加相应的动画效果，并逐层增加 0.5s 的"动画时长"，如图 3-23 所示。

　　步骤⑭ 为视频添加合适的背景音乐，如图 3-24 所示。

图 3-23　调整"动画时长"（2）

图 3-24　添加背景音乐

3.1.3　雪花纷飞，城市夜景短视频

　　【效果展示】：雪花纷飞主要使用剪映 App 的"飘雪"特效和"背景的风声"音效制作而成，可以看到雪花飘落的城市夜景视频，效果如图 3-25 所示。

扫码看同步视频

图 3-25　雪花纷飞效果展示

下面介绍使用剪映 App 制作雪花纷飞短视频的操作方法。

步骤 01 在剪映 App 中导入一段素材，并添加合适的背景音乐，依次点击"特效"按钮和"画面特效"按钮，如图 3-26 所示。

步骤 02 执行操作后，进入相应界面，切换至"自然"选项卡，选择"大雪"特效，如图 3-27 所示。

图 3-26 点击"画面特效"按钮

图 3-27 选择"大雪"特效

步骤 03 点击 ✓ 按钮添加特效，拖曳特效轨道右侧的白色拉杆，调整特效时长，使其与视频时长一致，如图 3-28 所示。

步骤 04 返回到主界面，拖曳时间轴至起始位置处，依次点击"音频"按钮和"音效"按钮，如图 3-29 所示。

步骤 05 进入相应界面，切换至"环境音"选项卡，点击"背景的风声"音效右侧的"使用"按钮，如图 3-30 所示。

步骤 06 拖曳时间轴至视频轨道的结束位置处，选择音效轨道，点击"分割"按钮，如图 3-31 所示。最后删除多余的音效轨道即可。

图 3-28　调整特效时长

图 3-29　点击"音效"按钮

图 3-30　点击"使用"按钮

图 3-31　点击"分割"按钮

3.2　转场特效，无缝切换

如果用户需要将多个素材剪辑成一个视频，可以在这些素材之间添加合适的转场特效，避免素材切换时显得生硬和突兀。用户可以在多段素材之间直接添加转场效果，也可以添加相应的动画来达到转场的目的，还可以利用转场特效制作出独特的仙女变身短视频。下面介绍添加转场特效的几种方法。

3.2.1　添加转场，酷炫的切换效果

【效果展示】：用户可以在多段视频之间添加不同的转场效果，使视频之间的切换变得流畅、自然，增加视频的美观度和趣味性，效果如图 3-32 所示。

扫码看同步视频

图 3-32　转场效果展示

下面介绍使用剪映 App 为短视频添加和修改转场效果的操作方法。

步骤 01　在剪映 App 中导入相应的视频素材，点击第 1 段素材和第 2 段素材中间的转场按钮▯，如图 3-33 所示。

步骤 02　执行操作后，进入"转场"编辑界面，如图 3-34 所示。

步骤 03　切换至"特效转场"选项卡，选择"放射"转场效果，如图 3-35 所示。

步骤 04　适当向右拖曳"转场时长"滑块，可调整转场效果的持续时间，如图 3-36 所示。

步骤 05　依次点击"应用到全部"按钮和✅按钮，确认添加转场效果，点击第 2 段素材和第 3 段素材中间的 ⋈ 按钮，如图 3-37 所示。

步骤 06　在"特效转场"选项卡中，选择"炫光"转场效果，如图 3-38 所示。

图 3-33　点击相应按钮

图 3-34　进入相应界面

图 3-35　选择"放射"转场效果

图 3-36　调整转场效果持续时间

图 3-37　点击相应按钮

图 3-38　选择相应转场效果

3.2.2　动画转场，让画面运动起来

【效果展示】：剪映 App 中的"动画"功能可以用来制作动画转场特效，效果如图 3-39 所示。

扫码看同步视频

图 3-39　动画转场效果展示

图 3-39　动画转场效果展示（续）

下面介绍使用剪映 App 为短视频添加动画转场效果的操作方法。

步骤 01　在剪映 App 中导入相应素材，选择第 1 段视频轨道，拖曳时间轴至要分割的位置处，点击"分割"按钮，如图 3-40 所示。

步骤 02　执行操作后，即可完成视频的分割操作。选择第 2 段视频轨道，依次点击"动画"按钮和"入场动画"按钮，如图 3-41 所示。

图 3-40　点击"分割"按钮

图 3-41　点击"入场动画"按钮

步骤 03　进入相应界面，选择"放大"动画，向右拖曳圆圈滑块，调整"动画时长"，如图 3-42 所示。

步骤 04　用与上同样的方法，为第 3 段视频添加"组合动画"中的"分身"动画，为第 4 段视频添加"入场动画"中的"向右下甩入"动画，并调整相应的"动画时长"，如图 3-43 所示。

图 3-42　调整"动画时长"（1）

图 3-43　调整"动画时长"（2）

3.2.3　仙女变身，惊艳的潮漫效果

【效果展示】：利用剪映App"玩法"功能中的潮漫和"特效"功能中的相应特效，可以制作出唯美的变身短视频，效果如图3-44所示。可以看到原本真实的人物慢慢变成了潮漫人物。

扫码看同步视频

图 3-44　仙女变身效果展示

下面介绍使用剪映App制作仙女变身短视频的操作方法。

步骤 01　在剪映App中导入一张照片素材，删除默认添加的片尾，并添加合适的背景音乐，如图3-45所示。

步骤 02 点击"比例"按钮，选择 9 ： 16 选项，如图 3-46 所示。

图 3-45　添加背景音乐　　　　　　图 3-46　选择 9 ： 16 选项

步骤 03 点击 按钮返回，依次点击"背景"按钮和"画布模糊"按钮，选择左边第 2 个模糊效果，如图 3-47 所示。

步骤 04 返回到主界面，拖曳时间轴至视频末尾，点击 + 按钮，再次导入照片素材；拖曳第 2 段视频轨道右侧的白色拉杆，设置其时长为 4.0s，如图 3-48 所示。

图 3-47　选择模糊效果　　　　　　图 3-48　设置时长

步骤 05 点击工具栏中的"玩法"按钮，如图 3-49 所示。

步骤 06 进入"玩法"界面，选择"潮漫"选项，如图 3-50 所示。

图 3-49 点击"玩法"按钮

图 3-50 选择"潮漫"选项

步骤 07 执行操作后，显示生成漫画效果的进度，如图 3-51 所示。

步骤 08 生成漫画效果后，点击两段视频中间的转场按钮口，如图 3-52 所示。

图 3-51 显示漫画生成进度

图 3-52 点击相应按钮

步骤 09 进入相应界面，切换至"幻灯片"选项卡，选择"回忆"转场；拖曳"转场时长"选项的滑块，调整转场时长，如图 3-53 所示。

步骤⑩ 点击 ✓ 按钮返回，拖曳时间轴至起始位置处；依次点击"特效"按钮和"画面特效"按钮，如图 3-54 所示。

图 3-53 调整转场时长　　　　　　　　图 3-54 点击"画面特效"按钮

步骤⑪ 在"基础"选项卡中选择"变清晰"特效，如图 3-55 所示。

步骤⑫ 点击 ✓ 按钮添加特效，拖曳特效轨道右侧的白色拉杆，调整特效的持续时长；点击"作用对象"按钮，如图 3-56 所示。

图 3-55 选择"变清晰"特效　　　　　　图 3-56 点击"作用对象"按钮

步骤⑬ 进入"作用对象"界面，点击"全局"按钮，如图 3-57 所示。

步骤⑭ 返回到特效二级工具栏，点击"画面特效"按钮，在"氛围"选项卡中选择"仙女变身"特效，如图 3-58 所示。

图 3-57 点击"全局"按钮（1）

图 3-58 选择"仙女变身"特效

步骤⑮ 点击✓按钮添加特效。按住第 2 段特效轨道将其拖曳至起始位置处，调整特效时长，如图 3-59 所示。

步骤⑯ 依次点击"作用对象"按钮和"全局"按钮，如图 3-60 所示。

图 3-59 调整特效时长

图 3-60 点击"全局"按钮（2）

步骤 ⑰ 返回拖曳时间轴至转场的结束位置，添加"氛围"选项卡中的"金粉"特效轨道，拖曳特效轨道右侧的白色拉杆，调整特效时长，如图 3-61 所示。

步骤 ⑱ 添加"动感"选项卡中的"波纹色差"特效轨道，调整其位置和特效时长，如图 3-62 所示。

图 3-61 调整特效时长

图 3-62 调整特效轨道位置和特效时长

步骤 ⑲ 返回到主界面，点击"贴纸"按钮，如图 3-63 所示。

步骤 ⑳ 选择合适的贴纸，在预览区域调整其位置和大小，如图 3-64 所示。

图 3-63 点击"贴纸"按钮

图 3-64 调整贴纸的位置和大小

步骤 21　点击 ✔ 按钮添加贴纸效果，调整贴纸轨道的位置和持续时长；点击"动画"按钮，如图 3-65 所示。

步骤 22　进入"贴纸动画"界面，选择"入场动画"选项卡中的"缩小"动画效果；拖曳蓝色的右箭头滑块 ◢，调整入场动画时长，如图 3-66 所示。

图 3-65　点击"动画"按钮

图 3-66　调整入场动画时长

第 4 章

字幕编辑：
轻松提高视觉效果

　　我们在刷短视频的时候，可以看到很多短视频中都添加了字幕效果，或用于歌词，或用于语音解说，让观众在短时间内就能看懂更多视频内容，同时这些文字还有助于观众记住发布者要表达的信息，吸引他们点赞和关注。本章主要介绍添加文字、识别字幕以及添加贴纸等编辑字幕效果的技巧。

4.1 添加字幕，传情达意

剪映 App 除了能够剪辑视频外，用户也可以使用它给自己拍摄的短视频添加合适的文字内容，本节将介绍具体的操作方法。

4.1.1 添加文字，展现视频内容

扫码看同步视频

【效果展示】：剪映 App 中提供了多种文字样式，并且可以根据短视频主题的需要添加合适的文字样式，效果如图 4-1 所示。

图 4-1 效果展示

下面介绍使用剪映 App 添加文字的操作方法。

步骤 01 在剪映 App 中导入一段素材，点击"文字"按钮，如图 4-2 所示。

步骤 02 进入文字编辑界面，点击"新建文本"按钮，如图 4-3 所示。

图 4-2 点击"文字"按钮

图 4-3 点击相应按钮

步骤 ⓪3 在文本框中输入相应文字内容，如图 4-4 所示。

步骤 ⓪4 在预览区域调整文字的位置，如图 4-5 所示。

图 4-4　输入文字

图 4-5　调整文字的位置

步骤 ⓪5 双击预览区域中的文字素材，在"样式"选项卡中设置合适的文字字体和样式效果，如图 4-6 所示。

步骤 ⓪6 点击 ✔ 按钮确认，将文字轨道的持续时长调整为与视频轨道时长一致，如图 4-7 所示。

图 4-6　设置文字样式

图 4-7　调整文字轨道时长

4.1.2　文字模板，丰富字幕花样

【效果展示】：剪映 App 中提供了丰富的文字模板，能够帮助用户快速制作出精美的短视频文字效果，如图 4-8 所示。

扫码看同步视频

图 4-8　效果展示

下面介绍使用剪映 App 添加文字模板的操作方法。

步骤 ⓪① 在剪映 App 中导入一段素材，点击"文字"按钮，如图 4-9 所示。

步骤 ⓪② 进入文字编辑界面，点击"文字模板"按钮，如图 4-10 所示。

图 4-9　点击"文字"按钮

图 4-10　点击相应按钮

步骤 03 进入文字模板界面后，可以看到"标题""字幕"以及"时间"等多种文字模板类型，如图4-11所示。

步骤 04 切换至"标题"选项卡，选择相应的文字模板，如图4-12所示。

图4-11 文字模板界面

图4-12 选择文字模板

步骤 05 点击预览区域中的文字模板，修改文字模板的内容，如图4-13所示。

步骤 06 点击✓按钮，确认添加文字模板，拖曳文字轨道右侧的白色拉杆，适当调整文字模板的持续时长，如图4-14所示。

图4-13 修改文字模板的内容

图4-14 调整文字模板的持续时长

4.1.3 识别字幕，轻松添加字幕

【效果展示】：剪映App的"识别字幕"功能准确率非常高，能够帮助用户快速识别视频中的背景声音并同步添加字幕，效果如图4-15所示。

扫码看同步视频

图4-15　效果展示

下面介绍使用剪映App识别视频字幕的具体操作方法。

步骤 01 在剪映App中导入一段素材，点击"文字"按钮，如图4-16所示。

步骤 02 进入文字编辑界面，点击"识别字幕"按钮，如图4-17所示。

图4-16　点击"文字"按钮

图4-17　点击相应按钮

步骤 03 执行操作后，弹出"自动识别字幕"对话框，点击"开始识别"按钮，如图4-18所示。如果视频中本身存在字幕，可以开启"同时清空已有字幕"

功能，快速清除原来的字幕。

步骤 04　执行操作后，软件开始自动识别视频中的语音内容，如图 4-19 所示。

图 4-18　点击"开始识别"按钮

图 4-19　自动识别语音

步骤 05　稍等片刻，即可自动生成对应的字幕轨道，如图 4-20 所示。

步骤 06　选择字幕轨道，点击"样式"按钮，选择合适的样式效果，在预览区域适当调整字幕的大小和位置，如图 4-21 所示。

图 4-20　生成字幕轨道

图 4-21　调整字幕的大小和位置

4.1.4 识别歌词，添加歌词字幕

【效果展示】：除了识别短视频字幕外，剪映 App 还能够自动识别音频中的歌词内容，可以非常方便地为背景音乐添加动态歌词，效果如图 4-22 所示。

扫码看同步视频

图 4-22　效果展示

下面介绍使用剪映 App 识别歌词的操作方法。

步骤 01　在剪映 App 中导入一段素材，点击"文字"按钮，如图 4-23 所示。

步骤 02　进入文字编辑界面后，点击"识别歌词"按钮，如图 4-24 所示。

图 4-23　点击"文字"按钮

图 4-24　点击"识别歌词"按钮

步骤 03　执行操作后，弹出"识别歌词"对话框，点击"开始识别"按钮，如图 4-25 所示。

步骤 04　执行操作后，剪映 App 开始自动识别视频背景音乐中的歌词内容，如图 4-26 所示。

图 4-25　点击相应按钮

图 4-26　开始识别歌词

步骤 05　稍等片刻，即可完成歌词识别，自动生成歌词轨道；在预览区域适当调整歌词字幕的大小，如图 4-27 所示。

步骤 06　点击"动画"按钮，如图 4-28 所示。

图 4-27　调整歌词字幕大小

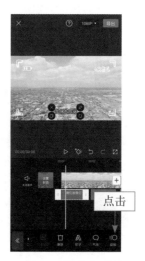

图 4-28　点击"动画"按钮

步骤 07 在"入场动画"选项区中选择"卡拉 OK"动画效果；拖曳右箭头滑块 ，调整动画时长；更改动画效果的颜色，如图 4-29 所示。

步骤 08 用同样的方法，为其他歌词添加相同的动画效果，如图 4-30 所示。

图 4-29　更改动画效果的颜色

图 4-30　添加动画效果

4.2　美化字幕，轻松吸睛

使用剪映 App 的"花字""气泡"和"贴纸"功能，能够制作出更加吸睛的文字效果，本节将介绍具体的操作方法。

4.2.1　添加花字，美化文字样式

【效果展示】：使用"花字"功能可以快速做出各种花样字幕效果，让视频中的文字更有表现力，如图 4-31 所示。

扫码看同步视频

图 4-31　效果展示

图 4-31　效果展示（续）

下面介绍使用剪映 App 添加花字的操作方法。

步骤 01　在剪映 App 中导入一段素材，拖曳时间轴至需要添加字幕的位置处，点击"文字"按钮，如图 4-32 所示。

步骤 02　进入文字编辑界面，点击"新建文本"按钮，在文本框中输入相应文字内容，为字幕选择合适的文字字体，在预览区域适当调整文字的位置和大小，如图 4-33 所示。

图 4-32　点击"文字"按钮

图 4-33　调整文字的位置和大小

步骤 03　切换至"花字"选项卡，在其中选择一个合适的花字样式，如图 4-34 所示。

步骤 04　调整文字轨道的持续时长，如图 4-35 所示。

图 4-34　选择花字样式

图 4-35　调整持续时长

4.2.2　文字气泡，制作创意文字

【效果展示】：剪映 App 中提供了丰富的"气泡"模板，用户可以将其作为视频的水印，展现拍摄主题或作者名字，效果如图 4-36 所示。

扫码看同步视频

图 4-36　效果展示

下面介绍使用剪映 App 添加文字气泡的操作方法。

步骤 01　在剪映 App 中导入相应的素材，添加相应的文字内容，选择合适的文字字体，如图 4-37 所示。

步骤 02　切换至"花字"选项卡，选择合适的花字效果，如图 4-38 所示。

图 4-37　选择文字字体　　　　　　　　　图 4-38　选择花字效果

步骤 03　切换至"气泡"选项卡，选择合适的气泡模板，在预览区域适当调整气泡文字的大小和位置，如图 4-39 所示。

步骤 04　点击"复制"按钮，复制一个文字轨道，按住复制的文字轨道将其拖曳至适当位置，调整该文字轨道的持续时长，如图 4-40 所示。

图 4-39　调整气泡文字的大小和位置　　　图 4-40　调整文字轨道的持续时长

步骤 05 修改第 2 段文字轨道的文本内容，在预览区域中调整其位置，如图 4-41 所示。

图 4-41 调整文字位置

4.2.3 添加贴纸，让画面更丰富

【效果展示】：剪映 App 能够直接给短视频添加文字贴纸效果，让短视频画面更加精彩、有趣，吸引大家的目光，效果如图 4-42 所示。

扫码看同步视频

图 4-42 效果展示

下面介绍使用剪映 App 添加贴纸效果的操作方法。

步骤 01 在剪映 App 中导入一段素材，依次点击"文字"按钮和"新建文本"

按钮，如图 4-43 所示。

步骤 02 在文本框中输入相应的文字内容，在"样式"选项卡中设置合适的文字字体和样式效果，如图 4-44 所示。

图 4-43　点击"新建文本"按钮

图 4-44　设置文字样式

步骤 03　在预览区域中调整文字的大小和位置，调整文字轨道的持续时长，如图 4-45 所示。

步骤 04　点击 ≪ 按钮，返回到文字二级工具栏，点击"添加贴纸"按钮，如图 4-46 所示。

图 4-45　调整文字轨道的持续时长

图 4-46　点击相应按钮

步骤 05 执行操作后，进入添加贴纸界面，下方提供了非常多的贴纸模板，如图 4-47 所示。

步骤 06 选择一个合适的贴纸，如图 4-48 所示，贴纸即可自动添加到视频画面中。

图 4-47 进入添加贴纸界面

图 4-48 选择合适的贴纸

步骤 07 在预览区域调整贴纸的位置和大小，如图 4-49 所示。

步骤 08 用同样的方法，添加多个贴纸，在预览区域调整各个贴纸的位置，并在时间线区域调整各个贴纸的持续时间和出现位置，如图 4-50 所示。

图 4-49 调整贴纸的位置和大小

图 4-50 调整贴纸的持续时间和出现位置

4.3　添加动画，个性十足

在短视频中为文字添加合适的动画，可以制造出精彩的文字效果，帮助用户打造个性化的优质原创内容，从而获得更多关注、点赞和分享。

4.3.1　音符弹跳，动态歌词效果

【效果展示】："音符弹跳"入场动画是指文字出现时的动态效果，可以让短视频中的文字变得更加动感、时尚，效果如图 4-51 所示。

扫码看同步视频

图 4-51　效果展示

下面介绍使用剪映 App 添加文字入场动画效果的具体操作方法。

步骤01　在剪映 App 中导入一段素材，点击"文字"按钮，如图 4-52 所示。

步骤02　进入文字编辑界面后，点击"识别歌词"按钮，如图 4-53 所示。

图 4-52　点击"文字"按钮　图 4-53　点击"识别歌词"按钮

步骤 ⓒ 弹出"识别歌词"对话框，点击"开始识别"按钮，如图 4-54 所示。

步骤 ⓓ 执行操作后，自动识别视频背景音乐中的歌词内容，并自动生成歌词轨道，如图 4-55 所示。

图 4-54　点击"开始识别"按钮

图 4-55　自动生成歌词轨道

步骤 ⓔ 在预览区域调整歌词字体大小，调整歌词轨道的持续时长，如图 4-56 所示。

步骤 ⓕ 选择第 1 段歌词轨道，点击"动画"按钮，如图 4-57 所示。

图 4-56　调整歌词轨道的持续时长

图 4-57　点击"动画"按钮

步骤 07　在"入场动画"选项区中选择"音符弹跳"动画效果，如图4-58所示。

步骤 08　拖曳蓝色的右箭头滑块 ，将动画时长调整为最长，如图4-59所示。

图 4-58　选择相应动画效果

图 4-59　调整动画时长（1）

步骤 09　用同样的方法，为第2段歌词轨道添加"音符弹跳"动画效果，并调整其动画时长，如图4-60所示。

图 4-60　调整动画时长（2）

4.3.2 文字消失，电影闭幕效果

【效果展示】：出场动画是指文字消失时的动态效果，如
本案例采用的是"闭幕"出场动画效果，可以模拟出电影闭幕
效果，如图 4-61 所示。

扫码看同步视频

图 4-61　效果展示

下面介绍使用剪映 App 制作文字出场动画效果的操作方法。

步骤 01　在剪映 App 中导入一段素材，将时间轴拖曳至 2s 位置处，如
图 4-62 所示。

步骤 02　依次点击"文字"按钮和"新建文本"按钮，输入相应的文字内容；
选择合适的文字字体，在预览区域适当调整其位置和大小，如图 4-63 所示。

图 4-62　拖曳时间轴

图 4-63　调整文字的位置和大小

步骤 ⓪3 切换至"花字"选项卡，选择相应的花字样式，如图 4-64 所示。

步骤 ⓪4 适当调整文字轨道的持续时间，如图 4-65 所示。

图 4-64 选择相应的花字样式

图 4-65 调整文字轨道的持续时间

步骤 ⓪5 点击"动画"按钮，在"出场动画"选项区选择"闭幕"动画效果，并将动画时长调整为最长，如 4-66 所示。

步骤 ⓪6 点击✔按钮返回，即可添加出场动画效果，如图 4-67 所示。

图 4-66 调整动画时长

图 4-67 添加出场动画效果

4.3.3 循环动画，制作波浪文字

【效果展示】：一种动作持续出现并不断重复的文字动画类型本案例中采用的是"波浪"循环动画，模拟出一种波浪文字的效果，如图 4-68 所示。

扫码看同步视频

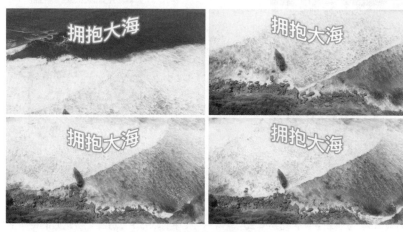

图 4-68 效果展示

下面介绍使用剪映 App 制作文字循环动画的操作方法。

步骤 ① 在剪映 App 中导入一段素材，点击"文字"按钮，如图 4-69 所示。

步骤 ② 点击"新建文本"按钮，输入相应的文字内容，如图 4-70 所示。

图 4-69 点击"文字"按钮

图 4-70 输入文字内容

步骤 03　切换至"花字"选项卡，选择相应的花字样式，如图 4-71 所示。

步骤 04　在预览区域调整文字的大小和位置，调整文字轨道的持续时间，如图 4-72 所示。

图 4-71　选择花字样式

图 4-72　调整文字轨道的持续时间

步骤 05　点击"动画"按钮，在"循环动画"选项区中选择"波浪"动画效果，并适当调整动画效果的快慢节奏，如图 4-73 所示。

步骤 06　点击 ✓ 按钮，即可添加循环动画效果，如图 4-74 所示。

图 4-73　调整动画快慢节奏

图 4-74　添加循环动画效果

4.3.4 片头字幕，营造大片氛围

【效果展示】：在剪映 App 中可以用"文字"和"动画"功能制作出大片风格的片头字幕特效，效果如图 4-75 所示。

图 4-75 效果展示

下面介绍在剪映 App 中制作片头字幕的操作方法。

步骤 01 在剪映 App 中导入一段黑场视频素材，添加相应的文字，设置其文字字体，在预览区域调整文字的位置和大小，导出视频，如图 4-76 所示。

步骤 02 在剪映 App 中导入一段视频素材，点击"画中画"按钮，如图 4-77 所示。

图 4-76 制作黑场文字视频

图 4-77 点击"画中画"按钮

步骤 03　点击"新增画中画"按钮，导入上一步导出的文字视频，在预览区域中调整画面大小，如图 4-78 所示。

步骤 04　点击"混合模式"按钮，选择"正片叠底"混合模式，如图 4-79 所示。

图 4-78　调整画面大小

图 4-79　选择相应混合模式

步骤 05　确认后返回上一步，点击"动画"按钮，如图 4-80 所示。

步骤 06　点击"出场动画"按钮，选择"向上转出Ⅱ"动画，设置"动画时长"为最长，如图 4-81 所示。

图 4-80　点击"动画"按钮

图 4-81　设置"动画时长"

第 5 章

音频剪辑：
让短视频更有灵魂

音频是短视频中非常重要的元素，选择优秀的背景音乐或者语音旁白，让你的作品不费吹灰之力登上热门。本章主要介绍短视频的音频处理技巧，包括添加音乐、添加音效、提取音乐、抖音收藏、音频剪辑以及制作卡点短视频等，帮助大家快速学会处理后期音频的方法。

5.1　添加音频，愉悦感官

　　短视频是一种声画结合、视听兼备的创作形式，因此音频也是很重要的因素，是一种表现形式和艺术体裁。本节将介绍利用剪映 App 给短视频添加音频效果的操作方法，让用户的短视频作品拥有更好的视听效果。

5.1.1　添加音乐，提高视频视听享受

　　【效果展示】：剪映 App 拥有数量丰富、分类细致的背景音乐曲库，用户可以根据自己的视频内容或主题选择合适的背景音乐，添加背景音乐后的视频效果如图 5-1 所示。

扫码看同步视频

图 5-1　效果展示

　　下面介绍使用剪映 App 给短视频添加背景音乐的操作方法。

　　步骤 01　在剪映 App 中导入一段素材，点击"关闭原声"按钮，如图 5-2 所示，即可将原声关闭。

　　步骤 02　执行操作后，点击"音频"按钮，如图 5-3 所示。

图 5-2　点击相应按钮　　　图 5-3　点击"音频"按钮

步骤 03　执行操作后，点击"音乐"按钮，如图 5-4 所示。

步骤 04　选择相应的音乐类型，如"纯音乐"，如图 5-5 所示。

图 5-4　点击"音乐"按钮　　　　　　**图 5-5　选择"纯音乐"类型**

步骤 05　在音乐列表中选择合适的背景音乐，即可进行试听，如图 5-6 所示。

步骤 06　点击"使用"按钮，即可将其添加到音频轨道中，如图 5-7 所示。

图 5-6　选择背景音乐　　　　　　**图 5-7　添加背景音乐**

步骤 07 选择音频轨道，将时间轴拖曳至视频轨道的结束位置处；点击"分割"按钮，如图 5-8 所示。

步骤 08 选择分割后多余的音频轨道；点击"删除"按钮，如图 5-9 所示。

图 5-8 点击"分割"按钮   图 5-9 点击"删除"按钮

5.1.2 添加音效，增强画面的感染力

【效果展示】：剪映 App 中提供了很多有趣的音效，用户可以根据短视频的情境来增加音效，添加音效后可以让画面更有感染力，效果如图 5-10 所示。

扫码看同步视频

图 5-10 效果展示

下面介绍使用剪映 App 给短视频添加音效的操作方法。

步骤 01 在剪映 App 中导入一段素材，点击"音频"按钮，如图 5-11 所示。

步骤 02 执行操作后，点击"音效"按钮，如图 5-12 所示。

图 5-11 点击"音频"按钮

图 5-12 点击"音效"按钮

步骤 03 切换至"环境音"选项卡，选择 Waves（long）选项，即可进行试听，如图 5-13 所示。

步骤 04 点击"使用"按钮，即可将其添加到音效轨道中，如图 5-14 所示。

图 5-13 选择相应选项

图 5-14 添加相应音效

步骤 05 选择音效轨道，将时间轴拖曳至视频轨道的结束位置处，点击"分割"按钮，如图 5-15 所示。

步骤 06 选择分割后多余的音效轨道；点击"删除"按钮，如图 5-16 所示。

图 5-15 点击"分割"按钮　　　　图 5-16 点击"删除"按钮

5.1.3 提取音乐，更快速地添加音乐

【效果展示】：如果用户看到其他背景音乐好听的短视频，也可以将其保存到手机上，并通过剪映 App 来提取短视频中的背景音乐，将其用到自己的短视频中，效果如图 5-17 所示。

扫码看同步视频

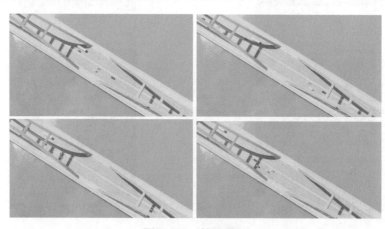

图 5-17 效果展示

下面介绍使用剪映 App 从短视频中提取背景音乐的操作方法。

步骤 01 在剪映 App 中导入一段素材，点击"音频"按钮，如图 5-18 所示。

步骤 02 点击"提取音乐"按钮，如图 5-19 所示。

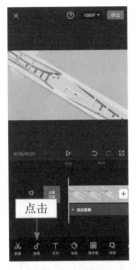

图 5-18 点击"音频"按钮　　　　**图 5-19 点击"提取音乐"按钮**

步骤 03 进入"照片视频"界面，选择需要提取背景音乐的短视频，点击"仅导入视频的声音"按钮，如图 5-20 所示。

步骤 04 执行操作后，选择音频轨道；按住其右侧的白色拉杆并向左拖曳，将其时长调整为与视频时长一致，如图 5-21 所示。

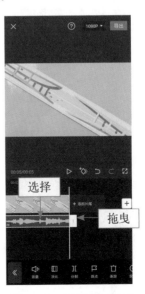

图 5-20 点击相应按钮　　　　**图 5-21 调整音频时长**

步骤 ⑤ 选择视频轨道，点击"音量"按钮，如图 5-22 所示。

步骤 ⑥ 进入"音量"界面，拖曳滑块，将其音量设置为 0，如图 5-23 所示。

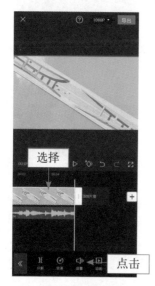

图 5-22　点击"音量"按钮（1）

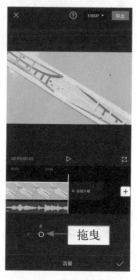

图 5-23　设置音量（1）

步骤 ⑦ 选择音频轨道，点击"音量"按钮，如图 5-24 所示。

步骤 ⑧ 进入"音量"界面，拖曳滑块，将其音量设置为 1000，如图 5-25 所示。

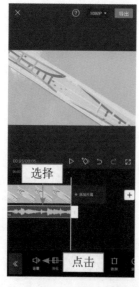

图 5-24　点击"音量"按钮（2）

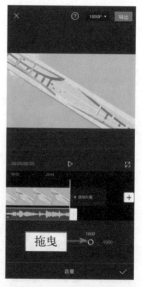

图 5-25　设置音量（2）

5.1.4　抖音收藏，直接添加抖音音乐

【效果展示】：因为剪映 App 是抖音官方推出的一款手机视频剪辑软件，所以它可以直接添加在抖音收藏的背景音乐，效果如图 5-26 所示。

扫码看同步视频

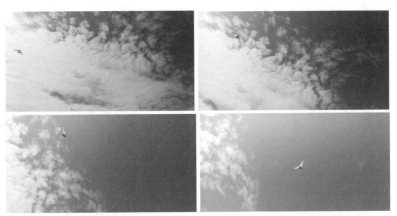

图 5-26　效果展示

下面介绍使用剪映 App 添加抖音收藏背景音乐的操作方法。

步骤 01　在剪映 App 中导入一段素材，点击"音频"按钮，如图 5-27 所示。

步骤 02　点击"抖音收藏"按钮，如图 5-28 所示。

图 5-27　点击"音频"按钮

图 5-28　点击"抖音收藏"按钮

步骤 03 进入"添加音乐"界面,点击"使用"按钮,如图 5-29 所示。

步骤 04 执行操作后,即可将背景音乐添加到音频轨道中,调整音频的时长,如图 5-30 所示。

图 5-29 点击"使用"按钮

图 5-30 调整音频的时长

5.1.5 复制链接,下载抖音热门音乐

【效果展示】:除了收藏抖音的背景音乐外,用户也可以在抖音中直接复制热门 BGM(Background music 的缩写,意思为背景音乐)的链接,接着在剪映 App 中下载,这样就无须收藏了,效果如图 5-31 所示。

扫码看同步视频

图 5-31 效果展示

用户在抖音中发现喜欢的背景音乐后，可以点击分享按钮（ ●●● 或 ➡ ），如图 5-32 所示。打开相应菜单，点击"复制链接"按钮，如图 5-33 所示。

图 5-32 点击分享按钮

图 5-33 点击"复制链接"按钮

执行操作后，即可复制该视频的背景音乐链接，然后在剪映 App 中粘贴该链接并下载即可，具体操作方法如下。

步骤 01 在剪映 App 中导入一段素材，点击"音频"按钮，如图 5-34 所示。

步骤 02 点击"音乐"按钮，进入"添加音乐"界面，切换至"导入音乐"选项卡，如图 5-35 所示。

图 5-34 点击"音频"按钮

图 5-35 切换至"导入音乐"选项卡

步骤 03 在"导入音乐"选项卡的文本框中粘贴复制的背景音乐链接；点击下载按钮 ⬇，即可开始下载背景音乐，如图 5-36 所示。

步骤 04 下载完成后，点击"使用"按钮，如图 5-37 所示。

图 5-36 点击相应按钮

图 5-37 点击"使用"按钮

步骤 05 执行操作后，即可将其添加到音频轨道中，如图 5-38 所示。

步骤 06 对音频轨道进行剪辑，删除多余的音频轨道，使其与视频时长一致，如图 5-39 所示。

图 5-38 添加背景音乐

图 5-39 剪辑音频轨道

专家提醒

　　在剪映 App 中有 3 种导入音乐的方法，分别为链接下载、提取音乐和本地音乐。在"导入音乐"选项卡中点击"提取音乐"按钮，然后点击"去提取视频中的音乐"按钮，即可提取手机中保存的视频文件的背景音乐，该方法与"提取音乐"功能的作用一致。

　　另外，在"导入音乐"选项卡中点击"本地音乐"按钮，剪映App 会自动检测手机内存中的音乐文件，用户选择相应的音乐，点击"使用"按钮，即可使用这些音乐文件作为视频的背景音乐。

5.2　剪辑音频，优化体验

　　当用户选择好视频的背景音乐后，还可以对音乐进行剪辑，包括截取音乐片段、设置淡入淡出效果，以及进行变速、变调处理等，制作出满意的音频效果。

5.2.1　音频剪辑，选择性地添加音乐

　　【效果展示】：使用剪映 App 可以非常方便地对音频进行剪辑处理，选取其中的高潮部分，让短视频更能打动人心，效果如图 5-40 所示。

扫码看同步视频

图 5-40　效果展示

下面介绍使用剪映 App 对音频进行剪辑处理的具体操作方法。

步骤 01　在剪映 App 中导入一段素材，并添加合适的背景音乐，如图 5-41 所示。

步骤 ⑫ 选择音频轨道，按住左侧的白色拉杆并向右拖曳，如图 5-42 所示。

图 5-41　添加背景音乐

图 5-42　拖曳白色拉杆

步骤 ⑬ 按住音频轨道并将其拖曳至视频的起始位置处，如图 5-43 所示。

步骤 ⑭ 按住音频轨道右侧的白色拉杆，并向左拖曳至视频轨道的结束位置，如图 5-44 所示。

图 5-43　拖曳音频轨道

图 5-44　调整音频时长

5.2.2 淡入淡出，让音乐不那么突兀

【效果展示】：淡入是指背景音乐开始响起的时候，声音会缓缓变大；淡出则是指背景音乐即将结束的时候，声音会渐渐消失。设置音频的淡入淡出效果后，可以让短视频的背景音乐显得不那么突兀，给观众带来更加舒适的视听感，效果如图 5-45 所示。

图 5-45　效果展示

下面介绍使用剪映 App 设置音频淡入淡出效果的具体操作方法。

步骤01　在剪映 App 中导入一段素材，点击视频轨道，如图 5-46 所示。

步骤02　执行操作后，即可选择视频轨道；点击"音频分离"按钮，如图 5-47 所示。

图 5-46　点击视频轨道

图 5-47　点击"音频分离"按钮

步骤 03 执行操作后，剪映 App 开始分离视频和音频，如图 5-48 所示。

步骤 04 稍等片刻，即可将音频从视频中分离出来，并生成对应的音频轨道，如图 5-49 所示。

图 5-48　分离视频和音频　　　　图 5-49　生成音频轨道

步骤 05 选择音频轨道，点击"淡化"按钮，如图 5-50 所示。

步骤 06 进入"淡化"界面，拖曳"淡入时长"右侧的白色圆环滑块，将"淡入时长"设置为 2.5s，如图 5-51 所示。

图 5-50　点击"淡化"按钮　　　　图 5-51　设置"淡入时长"

步骤 07　拖曳"淡出时长"右侧的白色圆环滑块，将"淡出时长"设置为1.8s，如图 5-52 所示。

步骤 08　点击 ✓ 按钮完成处理，音频轨道上显示音频的前后音量都有所下降，如图 5-53 所示。

图 5-52　设置"淡出时长"

图 5-53　显示前后音量下降

5.2.3　变速处理，让音乐随视频变化

【效果展示】：使用剪映 App 可以对音频的播放速度进行放慢或加快等变速处理，从而制作出一些特殊的背景音乐效果，如图 5-54 所示。

扫码看同步视频

图 5-54　效果展示

下面介绍使用剪映 App 对音频进行变速处理的具体操作方法。

步骤 01 在剪映 App 中导入一段素材，选择视频轨道，如图 5-55 所示。

步骤 02 点击"音频分离"按钮，生成对应的音频轨道，如图 5-56 所示。

图 5-55　选择视频轨道

图 5-56　生成音频轨道

步骤 03 选择音频轨道，点击"变速"按钮，如图 5-57 所示。

步骤 04 进入"变速"界面，显示默认的音频播放倍速为 1.0x，如图 5-58 所示。

图 5-57　点击"变速"按钮

图 5-58　显示音频默认播放速度

步骤 ⑤ 向左拖曳红色圆环滑块，即可增加音频时长，如图 5-59 所示。

步骤 ⑥ 向右拖曳红色圆环滑块，即可缩短音频时长，如图 5-60 所示。

图 5-59　增加音频时长

图 5-60　缩短音频时长

5.2.4　音频踩点，轻松制作风格反差

【效果展示】：风格反差是一种画面非常炫酷的卡点视频形式风格。可以看到第 1 个温柔知性风格的人物素材从模糊变清晰，后面第 3 个嘻哈炫酷风格的人物素材则伴随着音乐和烟雾从左上角甩入，效果如图 5-61 所示。

扫码看同步视频

图 5-61　效果展示

下面介绍使用剪映 App 制作风格反差卡点视频的操作方法。

步骤 01 在剪映 App 中导入相应素材，并添加合适的背景音乐，如图 5-62 所示。

步骤 02 选择音频轨道，点击"踩点"按钮，如图 5-63 所示。

图 5-62 添加背景音乐 　　　　图 5-63 点击"踩点"按钮

步骤 03 进入"踩点"界面，开启"自动踩点"功能；选择"踩节拍 I"选项，生成对应的黄色节拍点，如图 5-64 所示。

步骤 04 调整第 1 段素材的时长，使其对准第 3 个节拍点，如图 5-65 所示。

图 5-64 选择"踩节拍 I"选项 　　　　图 5-65 调整第 1 段素材的时长

步骤 05 调整第 2 段素材的时长，使其对准第 4 个节拍点，如图 5-66 所示。

步骤 06 调整第 3 段素材的时长，使其对准音频轨道的结束位置，如图 5-67 所示。

图 5-66 调整第 2 段素材的时长

图 5-67 调整第 3 段素材的时长

步骤 07 选择第 1 段素材，依次点击"动画"按钮和"组合动画"按钮，如图 5-68 所示。

步骤 08 选择"旋入晃动"动画效果，如图 5-69 所示。

图 5-68 点击"组合动画"按钮

图 5-69 选择"旋入晃动"动画效果

步骤 ⑨ 用同样的方法，为第 2 段素材添加"入场动画"中的"向右下甩入"动画效果，如图 5-70 所示。

步骤 ⑩ 用同样的方法，为第 3 段素材添加"入场动画"中的"向右下甩入"动画效果，如图 5-71 所示。

图 5-70 为第 2 段素材添加动画效果　　　图 5-71 为第 3 段素材添加动画效果

步骤 ⑪ 拖曳时间轴至第 1 段素材的起始位置处，为第 1 段素材添加"模糊开幕"特效（"基础"选项卡），如图 5-72 所示。

步骤 ⑫ 用同样的方法，为第 2 段素材添加"波纹色差"特效（"动感"选项卡）和"烟雾"特效（"氛围"选项卡），如图 5-73 所示。

图 5-72 为第 1 段素材添加特效　　　图 5-73 为第 2 段素材添加特效

步骤⑬　用同样的方法，为第 3 段素材添加"波纹色差"特效（"动感"选项卡）和"烟雾"特效（"氛围"选项卡），如图 5-74 所示。

步骤⑭　调整各个特效轨道的位置和持续时长，效果如图 5-75 所示。

图 5-74　为第 3 段素材添加特效

图 5-75　调整特效轨道的位置和持续时长

步骤⑮　返回到主界面，拖曳时间轴至第 2 段素材的起始位置处，点击"贴纸"按钮，选择合适的文字贴纸，在预览区域中调整贴纸的大小和位置，如图 5-76 所示。

步骤⑯　调整文字贴纸的持续时长，如图 5-77 所示。

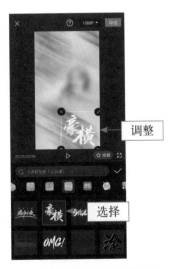

图 5-76　调整贴纸的大小和位置

图 5-77　调整贴纸的持续时长

步骤⑰ 用同样的方法，为第 3 段素材添加一个文字贴纸，在预览区域中调整贴纸的大小和位置，如图 5-78 所示。

步骤⑱ 调整第 2 个文字贴纸的持续时长，如图 5-79 所示。

图 5-78　调整第 2 个贴纸的大小和位置

图 5-79　调整第 2 个贴纸的持续时长

第 6 章

《秀美河山》：
剪映剪辑制作流程

制作要点

素材准备：准备多段美景视频素材。

字幕技巧：片头字幕给人神秘感，说明文字介绍风光。

转场技巧：添加水墨转场，给人清新淡雅的感觉。

    本章将以剪映 App 自带的剪辑工具为例，帮助大家掌握剪辑视频的基本方法。

6.1　《秀美河山》效果展示

【效果展示】：本案例主要用来展示各个地方的风光，节奏舒缓，适合用作旅行短视频，效果如图 6-1 所示。

图 6-1　《秀美河山》效果展示

6.2 《秀美河山》制作流程

制作《秀美河山》短视频需要用到剪映 App 的多项功能，如"正片叠底"功能、"蒙版"功能、"动画"功能和"特效"功能等。下面介绍制作《秀美河山》短视频的操作方法。

扫码看同步视频

6.2.1 正片叠底，制作镂空文字效果

下面主要运用剪映 App 的"文字"功能和"正片叠底"混合模式，制作镂空文字的片头效果。

步骤 01 在剪映 App 中导入一段素材库中的黑色背景素材，依次点击"文字"按钮和"新建文本"按钮，如图 6-2 所示。

步骤 02 在文本框中输入相应的文字内容，选择一个合适的文字字体，在预览区域适当放大文字，如图 6-3 所示。

图 6-2 点击相应按钮

图 6-3 放大文字

步骤 03 切换至"动画"选项卡，选择"入场动画"选项区中的"缩小"动画；拖曳滑块，将动画时长调整为 1.3s；点击"导出"按钮，如图 6-4 所示。

步骤 04 导出完成后，返回点击"开始创作"按钮，导入一段视频素材，依次点击"画中画"按钮和"新增画中画"按钮，导入刚刚导出的文字素材，在预览区域放大视频画面，使其占满屏幕；拖曳时间轴至 2s 的位置；选择混合模式菜单中的"正片叠底"选项，如图 6-5 所示。

图 6-4　点击"导出"按钮

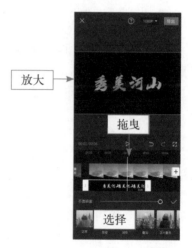

图 6-5　选择"正片叠底"选项

6.2.2　反转蒙版，显示蒙版外部内容

下面主要运用剪映 App 的"线性"蒙版和"反转"功能，将文字素材从中间切断，作为开幕片头的素材使用。

步骤 01　返回点击"分割"按钮，分割画中画轨道；点击"蒙版"按钮，进入"蒙版"界面，选择"线性"蒙版，如图 6-6 所示。

步骤 02　返回复制后一部分画中画轨道，并将其拖曳至原轨道的下方；选择复制的画中画轨道，点击"蒙版"界面的"反转"按钮，如图 6-7 所示。

图 6-6　选择"线性"蒙版

图 6-7　点击"反转"按钮

6.2.3 出场动画，离开画面时的动画

下面主要运用剪映 App 中的"向下滑动"和"向上滑动"出场动画，制作出开幕片头的动画效果。

步骤 ① 返回为复制的画中画轨道选择"出场动画"选项卡中的"向下滑动"动画，拖曳滑块，调整动画时长，如图 6-8 所示。

步骤 ② 返回为原画中画轨道选择"出场动画"选项卡中的"向上滑动"动画；拖曳滑块，调整动画时长，如图 6-9 所示。

图 6-8 调整动画时长（1）

图 6-9 调整动画时长（2）

6.2.4 剪辑素材，选择最佳视频素材

下面主要运用剪映 App 的"分割"和"删除"等剪辑功能，对各素材片段进行剪辑处理，保留其精华内容。

步骤 ① 返回导入其余的视频素材，选择第 1 段视频轨道；拖曳时间轴至 2s 的位置，点击"分割"按钮，如图 6-10 所示。

步骤 ② 选择分割出的前部分视频轨道；点击"删除"按钮，如图 6-11 所示。用与上同样的方法，选取其他视频中合适的画面。

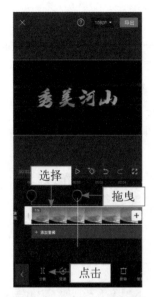

图 6-10　点击"分割"按钮

图 6-11　点击"删除"按钮

6.2.5　水墨转场，典雅国风韵味十足

水墨转场是"遮罩转场"选项卡中的一种转场效果，下面介绍使用剪映 App 添加水墨转场的操作方法。

步骤 01　点击左边第 1 个转场按钮 ⬜，如图 6-12 所示。

步骤 02　进入"转场"界面，切换至"遮罩转场"选项卡；选择"水墨"转场，将"转场时长"设置为 1.0s；点击"应用到全部"按钮，如图 6-13 所示。

图 6-12　点击转场按钮

图 6-13　点击相应按钮

6.2.6 闭幕特效，增加视频的电影感

下面主要运用剪映 App 的"闭幕"特效，制作视频的片尾，模拟出电影闭幕的画面效果。

步骤 01 返回依次点击"特效"按钮和"画面特效"按钮，切换至"基础"选项卡；选择"闭幕"特效，如图 6-14 所示。

步骤 02 返回调整特效轨道的位置，如图 6-15 所示。

图 6-14　选择"闭幕"特效

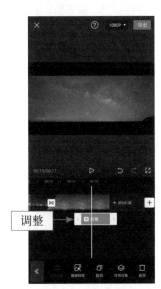

图 6-15　调整特效轨道的位置

6.2.7 说明文字，便于了解视频内容

下面主要运用剪映 App 的"文字"功能，为各个视频片段添加不同的说明文字，让观众对视频内容一目了然。

步骤 01 返回拖曳时间轴至片头字幕完全打开的位置，依次点击"文字"按钮和"新建文本"按钮，如图 6-16 所示。

步骤 02 在文本框中输入相应的文字内容，选择合适的文字字体，在预览区域调整文字的位置和大小，如图 6-17 所示。

步骤 03 返回拖曳文字轨道右侧的白色拉杆，调整文字的持续时长，使其与第 1 个转场的起始位置对齐，如图 6-18 所示。

步骤 04 拖曳时间轴至第 1 个转场的结束位置处；添加第 2 段视频的说明文字；调整第 2 段文字的持续时长，如图 6-19 所示。用同样的方法，为其他视频添加相应的说明文字。

图 6-16　点击相应按钮

图 6-17　调整文字位置和大小

图 6-18　调整文字的持续时长（1）

图 6-19　调整文字的持续时长（2）

6.2.8　搜索音乐，精准添加背景音乐

搜索音乐可以更加精准地找到需要的背景音乐，下面介绍使用剪映 App 搜索音乐的操作方法。

步骤 01　拖曳时间轴至视频轨道的起始位置处，依次点击"音频"按钮和"音乐"按钮，如图 6-20 所示。

步骤 02　进入"添加音乐"界面，在文本框中输入歌曲名称，点击"搜索"

按钮，如图 6-21 所示。

图 6-20 点击"音乐"按钮

图 6-21 点击"搜索"按钮

步骤 03 稍等片刻，显示搜索结果，点击相应音乐右侧的"使用"按钮，如图 6-22 所示。

步骤 04 选择音频轨道，拖曳时间轴至视频结束位置处，点击"分割"按钮，如图 6-23 所示。

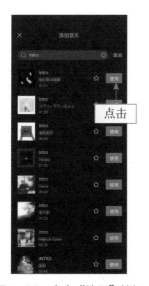

图 6-22 点击"使用"按钮

图 6-23 点击"分割"按钮

步骤 05 选择多余的音频轨道，点击"删除"按钮，如图 6-24 所示。

步骤 06 执行操作后，即可删除多余的音频，点击"导出"按钮，如图 6-25 所示，即可导出制作好的视频。

图 6-24　点击"删除"按钮

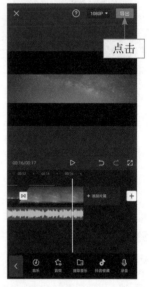

图 6-25　点击"导出"按钮

运营技巧篇

第 7 章

账号定位：
赢在运营起跑线上

在做一件事情之前，一定要先找准方向，只有这样才能有的放矢，短视频运营也是如此。那么如何找准短视频账号的运营方向呢？一种比较有效的方法就是找到精准的账号定位。本章笔者将从 3 个方面为运营者介绍如何找准账号定位以及获取更多流量。

7.1 账号定位，精准人设

不是每个人都是"大 V"，但不想成为"大 V"的运营者不是好的运营者。虽然大部分视频都只有 1 分钟，但很多时候它不仅是简单的 1 分钟，而是短视频运营者精准定位、权衡垂直领域、分析用户画像和选取合适素材后努力的结果。

7.1.1 打上标签，找到精准受众

标签指的是短视频平台给运营者的账号进行分类的指标依据。平台会根据运营者发布的短视频内容，给运营者打上对应的标签，然后将运营者的短视频推荐给对这类标签作品感兴趣的用户。在这种千人千面的流量机制下，不仅提升了运营者的积极性，而且也增强了受众的用户体验。

例如，某个平台上有 100 个用户，其中有 50 个人都对美食感兴趣，而还有 50 个人不喜欢美食类的短视频。如果你刚好是拍美食短视频的账号，却没有做好账号定位，平台没有给你的账号打上"美食"这个标签，此时系统会随机将你的短视频推荐给平台上的所有人。这种情况下，你的短视频作品被用户点赞和关注的概率就只有 50%，而且由于点赞率过低会被系统认为内容不够优质，不再给你推荐流量。

相反，如果你的账号被平台打上了"美食"的标签，此时系统不再随机推荐流量，而是将短视频精准推荐给喜欢看美食内容的那 50 个人。这样你的短视频获得的点赞和关注就会非常高，从而获得更多系统给予的推荐流量，让更多人看到你的作品，并让他们喜欢上你的内容。因此，对于短视频运营者来说，账号定位非常重要。下面笔者总结了一些短视频账号定位的相关技巧，如图 7-1 所示。

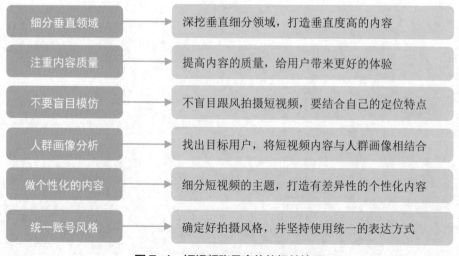

细分垂直领域	→	深挖垂直细分领域，打造垂直度高的内容
注重内容质量	→	提高内容的质量，给用户带来更好的体验
不要盲目模仿	→	不盲目跟风拍摄短视频，要结合自己的定位特点
人群画像分析	→	找出目标用户，将短视频内容与人群画像相结合
做个性化的内容	→	细分短视频的主题，打造有差异性的个性化内容
统一账号风格	→	确定好拍摄风格，并坚持使用统一的表达方式

图 7-1 短视频账号定位的相关技巧

只有做好短视频的账号定位，我们才能在观众心中形成某种特定的印象。例如，快手账号"XX 六点半"，大家都知道这是个搞笑的脱口秀喜剧类账号；而提到抖音账号"一条小团团 OvO"，喜欢看游戏直播的人就肯定不陌生了。

7.1.2 风格特点，打造人格化 IP

从字面意思来看，IP 的全称为 Intellectual Property，其大意为"知识产权"，百度百科的解释为"权利人对其智力劳动所创作的成果和经营活动中的标记、信誉所依法享有的专有权利"。

如今 IP 常常用来指代那些有人气的东西，它可以是现实人物、书籍动漫、艺术品等，IP 可以用来指代一切火爆的元素。图 7-2 所示，为 IP 的主要特点。

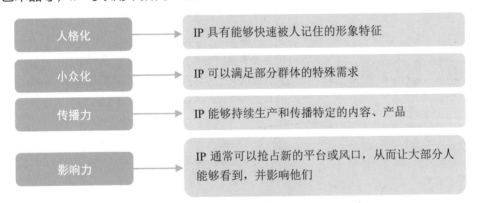

图 7-2 IP 的主要特点

在短视频领域中，个人 IP 是基于账号定位形成的，而超级 IP 不仅有明确的账号定位，而且还能够跨界发展。笔者总结了一些抖音达人的 IP 特点，如表7-1 所示。运营者可以从中发现他们的风格特点，从而更好地规划自己的短视频风格，确立合理的内容定位。

通过分析上面这些抖音达人，我们可以看到，他们每个人身上都有非常明显的个人标签，这些就是他们的 IP 特点，能够让内容风格更加明确和统一，让他们的人物形象深深印在粉丝的脑海中。对于运营者来说，在这个新媒体时代，要变成 IP 并没有想象中那么难，关键是要找到将自己打造为 IP 的方法。下面笔者总结了一些打造 IP 的方法和技巧，如图 7-3 所示。

表 7-1　抖音达人的 IP 特点

抖音账号	粉丝数量	IP 内容特点
一禅小和尚	4680.1 万	"一禅小和尚"人设善良活泼，聪明可爱，而他的师傅"慧远老和尚"则温暖慈祥，大智若愚，他们两人上演了很多有趣温情的小故事
会说话的刘二豆	4136.6 万	"会说话的刘二豆"是一只搞怪卖萌的折耳猫，而其搭档"瓜子"则是一只英国短毛猫，账号主人为其配上幽默诙谐的语言对话，加上两只小猫有趣搞笑的肢体动作，备受粉丝的喜爱
唐唐	3145.8 万	"唐唐"是一个古灵精怪的动漫人物形象，视频内容多是侦探破案或搞笑情节，让人在观看时忍不住捧腹大笑

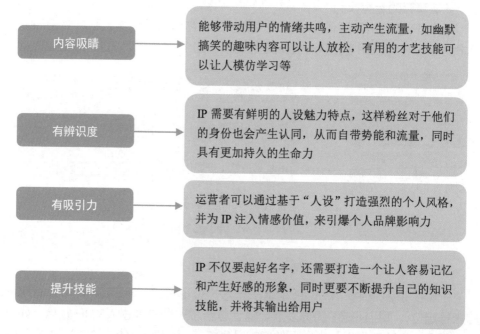

图 7-3　打造 IP 的方法和技巧

7.1.3　精准定位，找到清晰方向

当下中国最热门的短视频 App 便是抖音和快手，而要分阵营来看待这些短视频 App 的话，以抖音、今日头条、西瓜视频为代表的头条系无疑是最大的赢家，

如图 7-4 所示。

图7-4　短视频 App 阵营

2020 年，微信团队推出视频号，至于其会不会改变短视频格局，一改腾讯"微视"的衰颓之势，还有待后续观察，如图 7-5 所示。

图7-5　微信视频号

在笔者看来，短视频运营者在尝试运营短视频账号时，首先需要做的就是进行短视频定位。何谓短视频定位？它指的是为短视频运营确定一个方向，为内容发布指明方向。那么如何进行定位呢？笔者认为可以从以下 5 个方面进行思考。

1. 根据用户需求定位

通常来说，用户需求大的内容会更容易受到欢迎，因此结合用户的需求和自身专长进行定位是一种不错的定位方法。

大多数女性都有化妆的习惯，但又觉得自己的化妆水平还不太高，因此这些女性通常都会对美妆类内容比较关注。在这种情况下，短视频运营者如果对美妆内容比较擅长，那么将账号定位为美妆号就比较合适了。

例如，某运营者化妆技术较好，再加上许多抖音用户对美妆类内容比较感兴趣，因此她将抖音账号定位为美妆类账号，并持续为用户分享美妆类内容。图 7-6 所示，为该运营者发布的相关抖音短视频。

图 7-6　美妆类短视频

许多用户，特别是比较喜欢做菜的用户，通常都会从短视频中寻找一些新菜肴的制作方法。因此，如果短视频运营者自身就是厨师，或者会做的菜肴品种相对比较多，或者特别喜欢制作美食，那么运营者可以将账号定位为美食制作分享账号。

例如，某运营者将自己的抖音号定位为美食制作分享的账号。在该账号中，运营者会通过视频将一道道菜色从选材到制作的过程进行全面呈现，如图 7-7 所示。因为该账号分享的视频将制作过程进行了比较详细的展示，再加上许多菜肴都是用户想要亲手制作的，所以其发布的视频内容很容易获得大量的播放和点赞。

图 7-7　美食制作类短视频

2. 根据自身专长定位

对于自身具有专长的人群来说，根据自身专长做定位是一种最为直接和有效的方法。短视频运营者只需对自己或团队成员进行分析，然后选择某个或某几个专长进行账号定位即可。

为什么要选取相关特长作为自己的定位呢？如果你今天分享视频营销，明天却分享社群营销，那么关注视频营销的人可能会取消关注，因为你分享的社群营销他不喜欢，反之亦然。运营者要记住：账号定位越精准、越垂直，粉丝越精准，变现越轻松，获得的精准流量就越多。

例如，某运营者擅长舞蹈，拥有曼妙的舞姿，因此她将自己的抖音账号定位为舞蹈作品分享。在这个账号中，该运营者分享了大量的舞蹈类视频，这些作品让她快速积累了大量粉丝。

又例如，某运营者原本就是一位拥有动人嗓音的歌手，所以她将自己的抖音账号定位为音乐作品分享类账号。她通过该账号重点分享了自己的原创歌曲和当下的一些热门歌曲，如图 7-8 所示。

自身专长包含的范围很广，除了唱歌、跳舞等才艺之外，还包括其他诸多方面，游戏玩得出色也是自身的一种专长。

例如，某运营者很喜欢玩某款沙盒游戏，于是将其抖音账号定位为游戏类账号。图 7-9 所示，为其发布的抖音短视频。

图 7-8　歌曲类抖音短视频

图 7-9　游戏类短视频

由此不难看出，只要短视频运营者或其团队成员拥有某项专长，而这项专长的相关内容又比较受欢迎，那么将该专长作为账号的定位，便是一种不错的定位方法。

在短视频账号运营中，如果能够明确用户群体，做好用户定位，并针对主要的用户群体进行营销，那么账号生产的内容将更具针对性，从而对主要用户群体产生更强的吸引力。

3. 根据用户数据定位

在做用户定位时，短视频运营者可以从性别、年龄、地域分布和星座分布等方面分析目标用户，了解平台的用户画像和人气特征，并在此基础上更好地做出有针对性的运营策略和精准营销。

在了解用户画像情况时，我们可以适当地借助一些分析软件。例如，我们可以通过以下步骤，在"飞瓜数据"微信小程序中对用户画像进行了解。

步骤 01 在微信的"发现"界面中搜索并进入"飞瓜数据"小程序首页界面，如图 7-10 所示。

步骤 02 点击界面上方的搜索框，即可进入"飞瓜数据 - 搜索"界面，在搜索栏中输入抖音号的名称，点击"搜索"按钮，如图 7-11 所示。这里以抖音号"手机摄影构图大全"为例，进行详细说明。

图 7-10　"飞瓜数据"小程序首页界面

图 7-11　点击"搜索"按钮

步骤 03 执行操作后，在搜索结果中点击相应的播主，即可进入"播主详情"界面，了解该抖音号的相关情况，如图 7-12 所示。

步骤 04 向上滑动页面，即可在"粉丝画像"版块中查看"性别分布"和"年龄分布"等数据，如图 7-13 所示。

图 7-12　"播主详情"界面

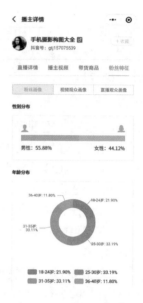

图 7-13　查看相关数据

除了性别分布和年龄分布之外，还可滑动查看地域分布的相关情况。

4. 根据内容类型定位

内容定位就是确定账号的内容方向，并据此进行内容的生产。通常来说，短视频运营者在做内容定位时，只需结合账号定位确定需要发布的内容即可。例如，抖音号"手机摄影构图大全"的账号定位是做一个手机摄影构图类账号，所以该账号发布的内容以手机摄影构图视频为主。

短视频运营者确定了账号的内容方向之后，便可以根据该方向进行内容的生产了。当然，在运营的过程中内容生产也是有技巧的。具体来说，运营者在生产内容时，可以运用以下技巧，轻松打造持续性的优质内容，如图 7-14 所示。

生产内容的技巧

　　选择运营者真正喜欢和感兴趣的领域进行创作

　　做更垂直、更差异的内容，要避免同质化内容

　　多看首页推荐的内容，多思考总结它们的亮点

　　尽量做原创的内容，最好不要直接搬运视频

图 7-14　生产内容的技巧

5. 根据品牌特色定位

许多企业和品牌在长期的发展过程中可能已经形成了自身的特色。此时如果根据这些特色进行定位，通常会比较容易获得用户的认同。

根据品牌特色做定位又可以细分为两种方法：一是以能够代表企业的卡通形象做账号定位，二是以企业或品牌的业务范围做账号定位。

某零食品牌的快手号就是以代表企业的卡通形象做账号定位。这个快手号会经常分享一些视频，而视频中则会将松鼠的卡通形象作为主角打造内容，如图 7-15 所示。

图 7-15　某零食品牌的快手短视频

熟悉该零食品牌的人群，都知道这个品牌的卡通形象和 LOGO 是短视频中的松鼠。因此，该快手号的短视频便具有了自身的品牌特色，而且这种通过卡通形象进行的表达还会更容易被人记住。

7.1.4　垂直领域，更易脱颖而出

运营者需要对所选行业领域进行更深入的分析，以便确定自身账号要着重关注的垂直领域，做好更精细化的运营。

1. 深度分析竞品

竞品主要是指竞争产品，竞品分析就是对竞争对手的产品进行比较分析。在做短视频账号定位时，竞品分析非常重要。如果该领域的竞争非常激烈，除非你有非常明确的优势，能够超越竞争对手，否则不建议进入。竞品分析可以从主观

和客观两方面进行，如图 7-16 所示。

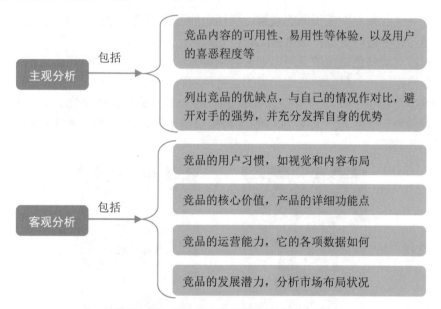

图 7-16　从主观和客观两方面分析竞品

竞品分析可以帮助运营者更好地找到内容的切入点，而不是竞争对手做什么内容，自己就跟着做什么内容，这样做最终会走向严重同质化内容的误区。

所以，运营者一定要多观察同领域的热门账号，及时地了解对手的数据和内容，这件事需要运营者持之以恒地去做，从而有效提升自己账号的竞争优势。即使运营者不能击败自己的竞争对手，也一定要向他学习，这将帮助运营者更有效地做好自己的账号定位和运营优化。

专家提醒

运营者在做竞品分析时，同时要做出一份相应的竞品分析报告，内容包括体验环境、市场状况、行业分析、需求分析、确定竞品、竞品对比（多种分析方法）、商业模式异同、业务/产品模式异同、运营、推广策略和结论等。

2. 内容深度垂直

运营者做好账号定位之后，接下来就是做深度垂直内容了。直白一点来说，就是该账号运营者只更新对应领域的内容，其他领域的内容不要用这个账号分享。

为什么只更新对应领域的深度内容呢？

有句话说得好："你的定位决定了你的目标人群。"所以运营者的账号定位，直接决定了他需要更新什么类型的短视频内容，也决定了该账号的运营方向，以及运营者最终以哪种方式变现。

例如，某个菜谱类 App 注册了一个抖音号，由于现在的很多年轻人都觉得做饭很麻烦或是没有时间做很复杂的菜式，该账号发布了一系列简单的做饭教程，深受广大做饭人士和美食爱好者的喜爱。

同时，该运营者在变现环节也是依靠抖音的"抖音小店"功能，来出售跟做饭和美食相关的各种工具，用户可以在抖音上选择商品直接购买，从而实现内容变现，如图 7-17 所示。

图 7-17 某抖音账号的抖音小店

深度内容是账号定位最为关键的一部分，甚至还关系到账号的后期发展。短视频运营者做好定位后，说明账号运营方向已经基本确定，不会再感到迷茫无助。当然运营者还可以根据自己行业、领域对账号进行辅助定位，找到属于自己的深度内容。

3. 紧跟用户喜好

短视频运营方向的指引者是账号定位，运营的具体细节是深度内容，但是运营者光做到这两点还不够，只有用户喜欢才最重要。笔者认为，在短视频平台中火爆的内容，需要具备以下两个条件。

（1）符合短视频平台规则的原创内容。

（2）短视频内容受到用户的喜欢，能让他们产生参与感、"吐槽"感和互动感。一般来说，用户不喜欢的内容，基本上比较难火；而用户感兴趣的内容，比较容易上热门，比如好玩、有趣和实用的素材等都适合拍摄热门短视频。

如果运营者分享的是一些技能或教学技巧，一定要简单、实用，不能太复杂，越简单传播越广。另外，这个方法或者经验若首次分享，则更容易火起来，几十万上百万播放量都很轻松，多的能到千万播放量，甚至亿级播放量都很容易突破。

图 7-18 所示，为某个抖音号发布的一些折纸教程。由于这些折纸作品既好看又实用，视频的点赞量高达几十万，甚至上百万。

图 7-18　某抖音号发布的短视频

因此运营者一定多看热门视频，不要只自己想，光想没用。在短视频平台上，几十万粉丝的账号非常多，千万级别播放量的视频也很常见，这没什么好稀奇的，也没什么好怀疑的。

4. 将 IP 人格化

被市场验证过的 IP 能跟用户建立密切联系，获得深厚的信用度，并且能实现与用户情感的深层次交流，让用户感受到他是在跟一个人交流，并能得到回应。

（1）如何设计人格化的 IP

中国从 20 世纪 50 年代物资匮乏，到现在琳琅满目让人眼花缭乱的商品供应过剩，基本的使用需求已被过度满足，用户有极大的自主选择权。除此之外，他们还想要跟提供方对话，获得社交上的满足感。因此短视频运营者要站在用户的角度，给短视频账号赋予温度，使得它拥有一个人格化的外壳。

这个人格化的外壳，需要从以下这 4 个维度来进行系统的设计。

- 语言风格。你来自哪里，比如你有没有明显的地方口音，以及你的声调、音色等。
- 肢体语言。你的眼神、表情、手势和动作是怎样的？有没有自己的性格？是开放的，还是拘谨的？是安静的，还是丰富的？
- 标志性动作。有没有频繁出现、辨识度高的动作，大部分需要后期刻意进行策划。
- 人设名字。名字越朗朗上口越好，方便别人记住你，最好融入一些本人的情绪、性格和爱好等特色。

上面这些都是聚焦外在认知符号的外壳设计。想要深入人心，就得借鉴一个人内在价值观的展现，接下来，我们详细来讲解为什么需要设计人格化的 IP。

（2）为什么需要设计人格化的 IP

不管是口头语言、肢体语言，还是人设与外在世界的互动方式，背后都有不同的价值观在支撑。例如，人的性格、价值观和阶层属性（善良、真诚、勇敢、坚韧、奋斗、包容、豁达、匠心、个性、追求极致、上等人和俗人）等，这些都能引起人内心深处的精神共鸣，因为人在万丈红尘中所追求的，无非就是人格及精神层面上的认同。

最典型的是抖音上的"牛肉哥"，他的口头禅是"找到源头，把 XXX 的价格给我打下来"，将自己塑造成了一个诙谐幽默、意志坚定的带货达人。

不仅短视频作品如此，但凡文化商品，都具有这样的特质。例如故宫衍生品，迎合了人们对传统文化的精神认同感；又比如系列电影《哈利·波特》，满足了人们对异想空间的向往。

在运营者策划人格化 IP 符号之前，要将自身内在层面的东西确定下来，然后在实际运营的过程中，不断地反馈调整。人们都期待一个理想化的自我，在对短视频平台上各类 IP 的关注和喜爱中，用户往往不知不觉地完成了"理想化自我"的塑造过程。这一点，是需要大家花时间深入理解的。

（3）设计人格化 IP 的过程

真正的 IP 意味着：可识别的品牌化形象、黏性高且规模大的粉丝基础、长时间深层次的情感渗透和可持续可变现的衍生基础。短视频运营者要塑造优质 IP，需要做好打持久战的准备，因为任何事物品牌化都需要一个过程。下面笔者用一个 IP 塑造的案例来进行说明。

抖音有一个搞笑达人号叫"XX 李逵"，这个账号拥有 600 多万粉丝。"XX 李逵"是贝壳视频下的一个头部账号，他们把这个 IP 的打造分成 3 个阶段，分别是塑造期、成型期和深入期，每一个阶段都制定了不同的内容输出方案。

在塑造期，作品中重点体现的就是李逵的人设和性格特征，所有的内容都会围绕着人设来进行打造。经过一段时间的试验，发现粉丝反馈最多的人设标签前三就是"戏精""搞笑"和"蠢萌"。接下来，他们就通过不同的内容来放大这3个标签，以此来辐射更多的观看人群。经过测试，最终确定一个独有的标签作为"XX 李逵"的主要人设特征。

（4）阶段不同，IP 风格化体系也不同

前文我们用了"XX 李逵"的例子来说明抖音 IP 形成的阶段性，在不同的阶段，需要我们策划的作品内容体系也是不同的。对于短视频账号策划及运营人员来说，有的可以完整地参与一个账号的启动和成长，有的需要对已成型的账号进行重新规划，这两者的工作内容是完全不同的。维护和经营一个 IP，按照前期、中期和后期划分，在内容上各有不同的侧重。

- 在前期，短视频运营者的首要任务就是策划出奇制胜的内容，让更多的用户知道这个账号，看到账号内容。一句话总结就是吸引目标用户的注意。

- 在中期，短视频运营者就要不断对已有的内容体系进行扩容，同时慢慢展现多样化的内容标签，促进账号的成长升级。

- 在后期，一旦账号步入成熟期的阶段，就会遇到瓶颈，在这个时候就要考虑迭代的问题。IP 的迭代升级是一个巨大的、有难度的工程，因为有人设定位和粉丝积淀，重新打造 IP 的试错成本就会变得很高。那么在这一阶段，账号与账号之间的合作，就会起到比较好的作用，同时还要进行文化资源上的整合。通常在这一阶段，许多 IP 都会考虑出圈，做影视、做综艺或从事其他文化形态的工作，通过跨界以让 IP 生命力持续发展。

7.1.5 用户画像，分析具体特征

在目标用户群体定位方面，抖音是由上至下地渗透，快手主要是草根群体，给底层群众提供发声的渠道。抖音在刚开始推出时，市场上已经有很多同类短视频产品，为了避开与它们的竞争，抖音在用户群体定位上做了一定的差异化选择，选择了同类产品还没有覆盖的那些群体。

虽然同为短视频应用，快手和抖音的定位完全不一样。抖音的红火靠的是马太效应——强者恒强，弱者愈弱。就是说在抖音上，本身流量就大的网红和明星可以通过官方支持获得更多的流量和曝光，而对于普通用户而言，获得推荐和上热门的机会就少得多。

快手的创始人曾表示："我就想做一个普通人都能平等记录的好产品。"这就是快手这个产品的核心逻辑。抖音靠的是流量为王，快手则是即使损失一部分流量，也要让用户获得平等推荐的机会。

本小节主要从年龄占比、用户数量、性别比例和地域分布 4 个方面分析抖音和快手的用户定位，帮助运营者做出有针对性的运营策略。

1. 年龄占比不同

图 7-19 所示，为 2020 年 11 月快手与抖音平台用户年龄占比的相关数据。可以看出两个平台 24 岁以下的用户占比接近或超过了 50%，在 24 ～ 40 岁和40 岁以上的用户占比上，快手为 49.6%，抖音为 50.5%，说明快手平台的人群年龄要更偏向年轻化。

图 7-19　快手与抖音平台的用户年龄占比（数据来源：网络）

2. 用户数量不同

月活跃用户是衡量一款产品用户黏性的重要指标。截至 2021 年 6 月，抖音以 6 亿多的月活跃用户数稳居短视频 App 行业月活跃用户规模的首位，而快手以 4 亿多的月活跃用户位居第二。图 7-20 所示，为快手和抖音平台的月活跃用户。

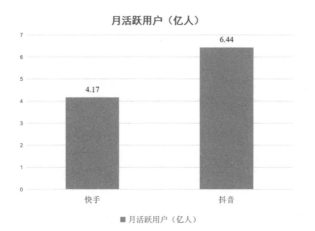

图 7-20　快手和抖音平台的月活跃用户（数据来源：QuestMobile）

3. 性别比例不同

图 7-21 所示，为快手与抖音平台的用户性别占比。可以看出快手平台的男性用户数量多于女性用户数量，而抖音平台的情况却正好相反，女性用户数量多于男性用户数量。

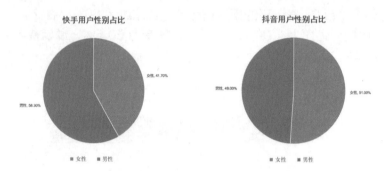

图 7-21 快手与抖音平台的用户性别占比（数据来源：网络）

4. 地域分布不同

抖音从一开始就将目标用户群体指向一线、二线城市，从而避免了激烈的市场竞争，同时也占据了很大一部分市场份额。而快手本身就是起源于草根群体，其三线及三线以下的用户数量占比更高。

专家提醒

需要注意的是，本书借助了多个互联网数据平台的统计报告，对快手和抖音用户进行分析，各个平台之间的数据会有所差异，但整体趋势差别不大，仅供参考。

7.1.6 内容定位，选取适宜素材

短视频运营者首先需要找准定位，然后寻找合适的视频素材或话题。运营者可以从百度、微博等不同平台来收集和整理素材及话题。

1. 使用百度搜索资源

百度平台的功能比较全面，资源也非常丰富，包括百度新闻、百度百科、百度贴吧、百度文库以及百度知道等，这些地方都是短视频运营者收集资源的不错渠道。

（1）百度新闻——新闻资讯。该平台拥有海量的新闻资讯，真实反映每时每刻的新闻热点，用户可以搜索新闻事件、热点话题、人物动态以及产品资讯等

内容，同时还可以快速了解它们的最新进展。

（2）百度百科——百科知识。百度百科是一部内容开放、自由的网络百科全书，内容几乎涵盖了所有领域的知识。

（3）百度贴吧——兴趣主题。百度贴吧是以兴趣主题聚合志同道合者的互动平台，主题涵盖了娱乐、游戏、小说、地区和生活等各方面的内容。

（4）百度文库——在线文档。百度文库是一个供用户在线分享文档的平台，包括教学资料、考试题库、专业资料、公文写作以及生活商务等多个领域的资料。

（5）百度知道——知识问答。百度知道是一个基于搜索的互动式知识问答分享平台，运营者也可以进一步检索和利用这些问题的答案，来打造更多的优质内容。

2. 使用微博寻找话题

运营者可以在新浪微博上面寻找热门话题。进入新浪微博主页后，在左侧的导航栏中选择"热门"标签，可以查看当下的热门事件，如图7-22所示。

图7-22 微博"热门"页面

另外运营者也可以查看右侧的"微博热门话题"和"微博实时热点"，找到更多的时事热点新闻，如图7-23所示。

图7-23 "微博热门话题"和"微博实时热点"

7.2 提高权重，获取流量

在短视频账号运营过程中，需要通过养号来提高账号的权重，从而让账号获得更多的流量。那么如何来提高账号的权重呢？本节将给大家介绍 3 种方法。

7.2.1 断掉 WiFi，使用流量登录

用手机移动数据登录几次账号，这个动作是必须要做的。如果你的手机连了 WiFi，可以在养号阶段适当断掉 WiFi 连接，用手机移动数据刷一下短视频，这样可以防止系统判定你的账号为营销号。

通过不断切换 WiFi 和手机移动数据来连接网络，可以让系统知道你的账号是一个正常的活跃账号，从而给你更多的流量推荐，提升账号的权重，这样发布的作品上热门的概率也会更大。

7.2.2 首页推荐，查看相同领域

刷首页推荐，找到同领域的内容也是一种有效的加权动作。比如运营者做的是非常偏门的一个领域，这个领域不一定能得到首页推荐，那么可以搜索这个领域的关键词。比如做家纺的，可以搜家纺、被罩、窗帘、被单、枕头等关键词。通过搜索关键词，可以快速找到该领域相关的内容，然后点击进去观看就可以了。

例如，在抖音的搜索界面输入"家纺"，下面会出现与它相关的关键词，我们可以点击想看的关键词，进入后，用户就可以查看其他家纺领域的账号内容了，如图 7-24 所示。

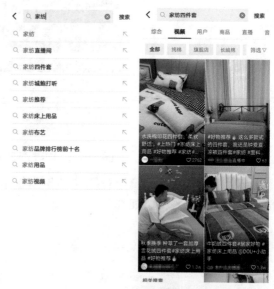

图 7-24 "家纺"领域的相关内容

7.2.3 同城推荐，避免系统误判

刷同城推荐，让系统记住你的位置和领域可以让你的账号加权。养号阶段刷同城推荐内容是很有必要的。系统会通过你刷同城推荐获得你的真实位置，从而

判断你的账号并非在用虚拟机器人进行操作。

哪怕同城上没有同领域的内容，你也要刷一刷，看一看。这样做是让系统能够记住你真实的位置，避免误判你是一个虚拟机器人。因为系统是严格打击机器人操作的，这能有效地避免系统误判。

以抖音为例，进入短视频平台之后，只需点击"同城"模块，便可以进入"同城"界面。"同城"界面的上方通常都会出现同城直播，向上滑动页面，还可以看到许多同城的短视频。另外，系统会根据你所在的位置，自动进行定位。如果定位不正确，或者需要将地点设置为其他城市，可以进入"选择地区"页面进行选择，让系统记住你的位置，如图 7-25 所示。

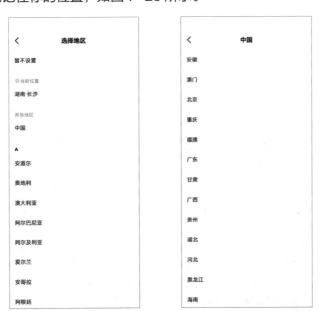

图 7-25 设置位置

7.3 养号期间，注意事项

在运营短视频的过程中，有一些行为可能会受到降权的处罚。因此在运营过程中，特别是养号期间，一定要尽可能地避免这些行为。本节主要介绍可能会让短视频账号降权的 3 种行为。

7.3.1 频繁更改，运营状态异常

养号阶段最好不要频繁地更改账号的相关信息，因为这样做不但可能让你的账号被系统判断为非正常运营，而且你修改信息之后由人工进行审核，还会增加

短视频平台相关人员的工作量。

当然，一些特殊情况下修改账号信息还是有必要的。

- 注册账号时，为了通过审核，必须要对账号的相关信息进行修改。
- 系统消息告知你的账号信息中存在违规信息，为了账号能够正常运营，此时就有必要根据相关要求进行相应的修改。

7.3.2 随意发布，视频质量不高

养号期间，短视频平台会重新审视你的账号权重，此时最好不要随意发布视频。因为如果你发布的视频各项数据都不高，那么短视频平台就会认为视频质量比较差，从而对你的账号进行降权处理。

因此，在养号期间，运营者要重点发布优质的内容，让系统认为你是一个优质的短视频创作者。例如，某抖音账号在刚开始建号的时候，发布的某一条视频点赞数达到 36.1 万次，评论有 1.3 万条，这对于一个处于养号期间的账号来说已经是非常好的成绩了，如图 7-26 所示。

图 7-26 某抖音号发布的优质视频

7.3.3 重复行为，用机器人运营

有的短视频运营者想要提高账号的活跃度，又不想花太多时间，于是选择频繁地重复某一行为。比如，有的短视频运营者对他人的视频进行评论时，都是写"真有意思！"。需要注意的是，当你重复用这句话评论几十次之后，系统很可

能会认为你的账号是机器人在操作。因此，运营者在回复用户评论的时候，需要多花点心思，用不同且有意思的内容来提升用户评论的积极性。

例如，某抖音账号的运营者在自己发布的短视频里对每个用户的评论都给予不同的回复，让粉丝觉得他在很用心、认真地与大家进行交流，因此粉丝也会更积极地去评论和回复，如图 7-27 所示。

图 7-27　某抖音账号的评论回复

 专家提醒

在运营短视频账号的过程中，最好是"一机一卡一号"。也就是说，一部手机中只有一张手机卡，这张手机卡只运营一个短视频账号。

如果运营者用同一个手机注册多个短视频账号，那么系统极有可能会判定为运营者在用虚拟机器人同时运营多个账号。

第 8 章

打造爆款：
争取视频稳上热门

　　有些用户在刷到有趣的视频之后会关注博主，但不会专门去看这些博主的新视频，所以，运营者的视频只有上热门被推荐，才能被更多人看到。本章主要介绍在短视频平台上被推荐上热门的一些实用技巧，包括上热门的前提要求、爆款内容和热门技巧等。

8.1 基本要求，事先了解

某次，笔者写了一篇关于抖音视频快速涨粉的方法，底下留言的人很多。有人说真详细，有人说条理清晰，还有人说干货、内容不错，但是也有一些反驳的声音。其中，令笔者印象比较深刻的是，有一个人说："只有自拍才会上热门，平台不允许其他形式的抖音视频上传。"结果，他的评论下面一片嘘声，有人说他是"抖音菜鸟"，并回复道："如果不让上传，那么那些播放量超高的视频是从哪来的？"

其实，笔者看了评论之后，没有生气，而是在反思，有多少人还不知道抖音能拍什么视频呢？或者说有多少人还不知道这些短视频 App 能拍什么视频呢？应该有很多，毕竟这些短视频 App 只是搭建了一个平台，但是怎么玩，还得靠运营者自己摸索。因此，笔者在本节将对短视频平台目前播放量最大的视频做个总结，给大家参考和提供方向，让短视频运营者少走弯路。

首先对于上热门，短视频平台官方都会提一些基本要求，这是大家必须知道的基本原则，本节将介绍具体的内容。

8.1.1 基本要求 1，个人原创内容

某个抖音账号经常会发关于猫咪"阿 Q"和狗狗"豌豆"之间的生活趣事视频，如图 8-1 所示。

图 8-1 某抖音账号的原创视频

我们从这个案例可以知道，短视频上热门的第一个要求就是，视频必须为个人原创。很多运营者开始做短视频原创之后，不知道拍摄什么内容，其实这个内

容的选择没那么难，可以从以下几方面入手。

（1）记录运营者生活中的趣事。

（2）学习热门的舞蹈、手势舞等。

（3）旅行记录，将运营者所看到的美景通过视频展现出来。

另外，运营者也可以换位思考一下：如果自己是用户，希望看什么内容？搞笑类的内容肯定是爱看的；如果一个人拍的内容特别有意思，用户当然会点赞和转发；还有情感类的、励志类的、"鸡汤"类的内容，等等，只要内容能够引起用户的共鸣，用户就会愿意关注。

上面的这些内容属于广泛的内容，还有细分的内容。例如，某个用户正好需要买车，那么关于鉴别车辆质量好坏的视频就成为他关注的内容了；再例如，某人比较胖想减肥，那么减肥类的视频他也会特别关注。这就是创作者应该把握的原创方向。

8.1.2 基本要求2：视频内容完整

在创作短视频时，虽然只有15s，但也一定要保证视频时长和内容的完整度。视频短于7s很难被推荐，适当的视频时长才能保证视频的基本可看性，内容演绎得完整才有机会上推荐。如果运营者的内容卡在一半就结束了，用户看到会难受的。

图8-2所示，是"某剪辑制作"账号在抖音发布的一个不完整的短视频。正当用户满怀期待地看着男主角揭开面具时，画面突然弹出一个"未完"，整个视频就此结束，严重影响了用户观看短视频的心情。

图8-2 抖音上不完整的短视频

8.1.3 基本要求 3，没有产品水印

以抖音为例，抖音中的热门视频不能带有其他 App 的水印；而且使用不属于抖音的贴纸和特效的视频可以发布，但不会被平台推荐。

如果短视频运营者发现自己的素材有水印，可以利用 Photoshop 等软件去除，或者使用一键去除水印的工具去除。图 8-3 所示，为"一键去水印正版"微信小程序。运营者可以在文本框中粘贴相应的视频链接，点击"开始解析"按钮，即可解析视频，获取无水印的视频链接。

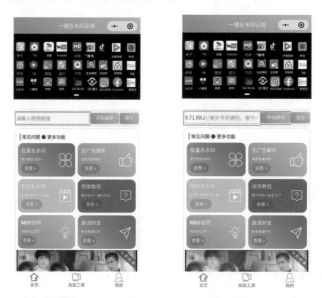

图 8-3 "一键去水印正版"微信小程序

8.1.4 基本要求 4，高质量的内容

不管是什么样的短视频平台，短视频的内容永远都是最重要的。因为只有吸引人的内容，才能让人有观看、点赞和评论的欲望。

想要上热门，肯定要有好的作品质量，视频清晰度要高。短视频吸粉是个漫长的过程，所以运营者要循序渐进地出品一些高质量的视频，学会维持和粉丝的亲密度，多学习一些热门视频的拍摄手法和选材。相信通过个人的努力，运营者也能拍摄出火爆的短视频。

8.1.5 基本要求 5，积极参与活动

对于平台推出的活动一定要积极参与。参与那些刚刚推出的活动，只要运营者的作品质量过得去，都会获得不错的推荐，运气好就能上热门。图 8-4 所示，

为抖音官方推出的活动。

图 8-4 抖音官方活动

8.2 创意视频，抓住热点

了解了平台上热门的基本要求后，打造爆款视频还缺少什么呢？此时，运营者只要在短视频中加入一点创意玩法，这个作品离火爆就不远了。本节总结了一些短视频常用的创意玩法，帮助运营者抓住热点，快速打造爆款短视频。

8.2.1 游戏录屏，小白也能轻松录制

游戏类短视频是一种非常火爆的内容形式，在制作这种类型的内容时，运营者必须掌握游戏录屏的操作方法。

1. 手机录屏

大部分的智能手机都自带了录屏功能，通常为长按"电源键＋音量键"开始，按"电源键"结束，运营者可以尝试或者上网查询自己手机的录屏方法，打开游戏后，按下录屏快捷键即可开始录制画面，如图 8-5 所示。

如果运营者的手机没有录屏功能，也可以去手机应用商店中搜索下载一些录屏软件，如图 8-6 所示。运营者还可以通过剪映 App 的"画中画"功能，来合成游戏录屏界面和主播真人出镜的画面，制作更加生动的游戏类短视频作品，如图 8-7 所示。

图 8-5　使用手机进行游戏录屏

图 8-6　下载手机录屏软件

图 8-7　使用剪映 App 合成视频

2. 电脑录屏

电脑录屏的工具非常多，例如 Windows 10 系统和 PPT 2016 都自带了录屏功能。在 Windows 10 系统中，运营者可以按下 Windows 徽标 + G 组合键调出录屏工具栏，然后单击"开始录制"按钮██或按 Windows 徽标 + Alt + R 组合键，即可开始录制电脑屏幕，如图 8-8 所示。

如果 Windows 系统的版本比较低，运营者也可以在电脑上安装 PPT 2016 软件。启动软件后，切换至"录制"选项卡，在"自动播放媒体"选项板中单击"屏幕录制"按钮，如图 8-9 所示。

然后在电脑上打开游戏应用，单击"选择区域"按钮，框选要录制的游戏界面区域；单击"录制"按钮，即可开始录制游戏视频，如图 8-10 所示。

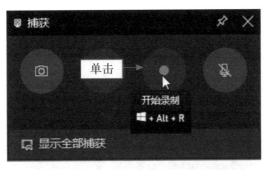

图 8-8　Windows 10 系统的录屏工具

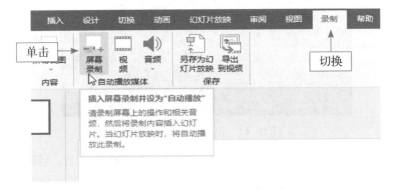

图 8-9　单击"屏幕录制"按钮

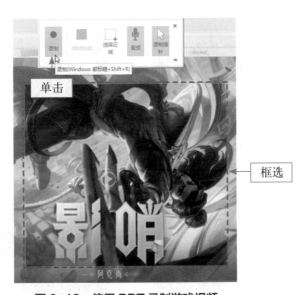

图 8-10　使用 PPT 录制游戏视频

当然，上面介绍的都是比较简单的录屏方法，这些方法的优点在于快捷方便。如果运营者想制作更加专业的教学类视频或者进行游戏直播，则需要下载功能更为丰富的专业录屏软件，如迅捷屏幕录像工具等。

迅捷屏幕录像工具软件提供了不同的录像模式、视频声源、视频画质和视频格式供运营者选择，运营者还可以进行添加文本或绘制图形、为录制的视频添加水印等操作，如图 8-11 所示。

图 8-11　迅捷屏幕录像工具

另外运营者也可以在电脑上安装手机模拟器，如雷电模拟器、逍遥模拟器、夜神安卓模拟器、蓝叠模拟器以及 MuMu 模拟器等，这些模拟器让运营者能够在电脑上畅玩各种手游和应用软件，使得录制游戏视频更为方便，如图 8-12 所示。

图 8-12　使用模拟器在电脑上玩手游

8.2.2 课程教学，拍摄知识技能分享

在短视频时代，运营者可以非常方便地将自己掌握的知识录制成教学的短视频，然后通过短视频平台来传播并售卖给受众，从而帮助运营者获得不错的收益和知名度。笔者总结了一些创作知识技能类短视频的相关技巧，如图8-13所示。

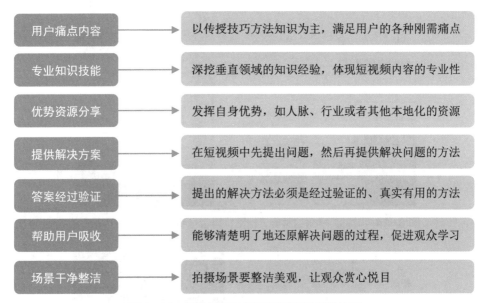

图 8-13　创作知识技能类短视频的相关技巧

例如，"郑广学网络服务工作室"就是一个分享职场Excel知识技能的抖音号，拥有84.9万的粉丝和59.4万的点赞，如图8-14所示。软件技能类的短视频，可以直接使用前面介绍的电脑游戏录屏方法来制作。

对于课程教学类短视频来说，操作部分相当重要，郑广学的每一个短视频技能都是从自身的微信公众号、QQ群、网站、抖音、头条号和悟空问答等平台，根据点击量、阅读量和粉丝咨询量等数据，精心挑选出来的热门、高频的实用案例。

同时"郑广学网络服务工作室"抖音号还直接通过抖音平台来实现商业变现。他开通了抖音小店，售卖自己的知识技能短视频，如图8-15所示。在线教学是一种非常有特色的知识变现方式，也是一种效果比较可观的吸金方式。如果运营者要通过短视频开展在线教学服务的话，首先得在某一领域比较有实力和影响力，确保教授的东西是有价值的，观众才会有购买教学服务的意愿。

图 8-14　"郑广学网络服务工作室"抖音号和课程教学短视频示例

图 8-15　郑广学通过抖音小店实现知识变现

专家提醒

　　运营者如果在某一领域或行业经过一段时间的经营，拥有了一定的影响力以及经验，也可以将自己的经验进行总结，然后出版图书，以此获得收益。只要作者本身有实力基础与粉丝支持，那么收益还是很可观的。例如头条号"手机摄影构图大全"和公众号"凯叔讲故事"等账号都采取了这种方式去获得盈利。

8.2.3　热梗演绎，快速制造话题热度

　　短视频的灵感来源，除了靠自身的创意想法外，运营者也可以多收集一些热梗，这些热梗通常自带流量和话题属性，能够吸引大量观众的点赞。运营者可以将短视频的点赞量、评论量和转发量作为筛选依据，找到并收藏抖音、快手等短视频平台上的热门视频，然后进行模仿、跟拍和创新，打造自己的优质短视频作品。

　　例如，"拿来吧你"这个热梗就被大量运营者翻拍，掀起了万物皆可拿来的热潮，在抖音平台上，"拿来吧你"的话题有41.2亿次的播放量，如图8-16所示。

图 8-16　"拿来吧你"热梗的相关短视频

　　运营者也可以在自己的日常生活中寻找这种创意搞笑短视频的热梗，然后采用夸大化的创新方式将这些日常细节演绎出来。另外在策划热梗内容时，运营者还需要注意以下几个要点。

（1）短视频的拍摄门槛低，运营者的发挥空间大。

（2）剧情内容有创意，紧扣观众生活。

（3）在短视频中嵌入产品，作为道具展现出来。

8.2.4 剧情反转，产生明显对比效果

在策划短视频的剧本时，运营者可以设计一些反差感强烈的转折场景，通过这种高低落差的安排，形成十分明显的对比效果，为短视频带来新意，同时也为观众带来更多笑点。

例如，由"徐记海鲜"发布的一个剧情反转的短视频，其内容如下。

男朋友的妈妈以为女孩是个卖虾的，给女孩一张百万支票，要求她离开自己的儿子。结果女孩刚走，男朋友跑进来，痛哭流涕地对他妈妈说，这个海鲜酒楼都是女孩家的。此时剧情反转，男友妈妈颤抖着双手说道："应该还没有走远，赶紧去追。"

这种反转能够让观众产生惊喜感，同时对剧情的印象更加深刻，刺激他们去点赞和转发。笔者总结了一些拍摄剧情反转类短视频的相关技巧，如图 8-17 所示。

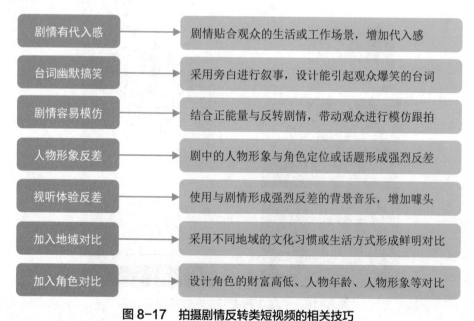

剧情有代入感	剧情贴合观众的生活或工作场景，增加代入感
台词幽默搞笑	采用旁白进行叙事，设计能引起观众爆笑的台词
剧情容易模仿	结合正能量与反转剧情，带动观众进行模仿跟拍
人物形象反差	剧中的人物形象与角色定位或话题形成强烈反差
视听体验反差	使用与剧情形成强烈反差的背景音乐，增加噱头
加入地域对比	采用不同地域的文化习惯或生活方式形成鲜明对比
加入角色对比	设计角色的财富高低、人物年龄、人物形象等对比

图 8-17 拍摄剧情反转类短视频的相关技巧

8.2.5 换装视频，自带话题吸引观众

换装视频也是被广大用户模仿跟拍的一个热梗，看上去趣味十足，很容易吸

引观众眼球。抖音平台的"换装"话题拥有 189.2 亿次的播放量，快手平台的"换装"话题拥有 25.9 亿次的播放量和 8.4 万个作品，如图 8-18 所示。如此高的话题热度运营者自然不能错过。

图 8-18 抖音和快手"换装"话题的热度

以抖音平台为例，运营者可以使用抖音的"分段拍"功能拍摄热门的"一秒换装"视频。运营者在抖音的拍摄界面中切换至"分段拍"选项卡，选择相应的拍摄时长（"分段拍"功能提供 15 秒、60 秒和 3 分钟 3 种拍摄时长）。选择好相应的拍摄时长后，点击拍摄按钮 ⬤，即可进行拍摄。运营者可以在拍完一段内容后点击 ⬜ 按钮暂停拍摄，换好装后再点击·按钮，即可继续拍摄。

8.2.6 合拍视频，增加作品的曝光度

抖音、快手等短视频平台中常常可以看到很多有意思的合拍短视频玩法，如"忠哥对唱合拍""西瓜妹合拍"以及"小猫合拍"等。大家之所以都喜欢跟热门视频合拍，不仅是为了消遣取乐，更是希望自己的作品也能蹭到热度，获得粉丝关注。

下面以抖音平台为例，介绍使用抖音 App 合拍视频的操作方法。

步骤 ⓪① 找到想要合拍的视频，点击分享按钮➡，如图 8-19 所示。

步骤 ⓪② 在弹出的"分享到"菜单中，点击"合拍"按钮，如图 8-20 所示。

专家提醒

合拍视频后，系统会自动生成"和 ×××（账号）"的合拍标题。运营者也可以将其删除，然后自定义新的标题文案。

步骤 ⓪③ 稍等片刻，进入合拍界面，运营者可以进行添加道具、设置速度和美化效果等操作，点击拍摄按钮 ⬤，即可开始合拍，如图 8-21 所示。

步骤 ⓪④ 点击暂停按钮 ⬤ 即可停止拍摄，点击 ✔ 按钮，如图 8-22 所示。

图 8-19 点击分享按钮

图 8-20 点击"合拍"按钮

图 8-21 开始合拍

图 8-22 点击相应按钮

步骤 05 执行操作后，进入相应界面，运营者可以点击"发日常"按钮直接发布合拍视频，或点击"下一步"按钮进一步修改视频信息。这里以点击"下一步"按钮为例，如图 8-23 所示。

步骤 06 执行操作后，进入"发布"界面，运营者可以在这里修改和设置视频的标题、封面和定位等信息，如图 8-24 所示。点击"发布"按钮即可发布视频。

图 8-23　点击"下一步"按钮

图 8-24　"发布"界面

8.2.7　节日热点，增加短视频的人气

各种节日向来都是营销的旺季。运营者在制作短视频时，也可以借助节日热点来进行内容创新，提升作品的曝光量。例如，在抖音平台上就有很多与节日相关的道具，而且这些道具是实时更新的。运营者在做短视频的时候，不妨添加相应的节日道具，说不定能够为运营者的作品带来更多人气。

除此之外，运营者还可以从拍摄场景、服装和角色造型等方面入手，在短视频中打造节日氛围，引起观众共鸣，相关技巧如图 8-25 所示。

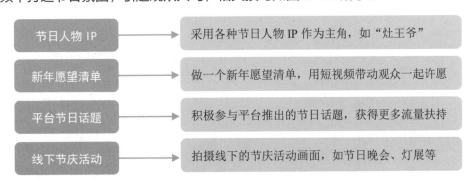

图 8-25　在短视频中打造节日氛围的相关技巧

8.2.8　创意动画，增加作品的趣味性

在创作短视频时，运营者可以使用"来画动画"这个工具，轻松创作出各种产品宣传、活动促销或员工培训的视频。这样不仅可以提升创作效率，而且动画形式的内容也更加有趣、生动。运营者可以根据个人需求和喜好选择使用"来画动画"的网页版或 App 版。

下面介绍使用"来画动画"App 中的动画模板制作短视频的操作方法。

步骤 01　打开"来画动画"App，切换至"创作"界面，点击"模板中心"按钮，如图 8-26 所示。

步骤 02　执行操作后，进入"模板中心"界面，切换至"生日祝福"选项卡，如图 8-27 所示。

专家提醒

运营者也可以点击"创作"界面中的"动画创作"按钮，在弹出的对话框中依次选择动画作品的尺寸和风格后，进入动画创作界面。运营者可以在动画创作界面中任意选择和添加背景、角色、文字、道具、相框、GIF、形状、特效和音乐等素材，制作出独一无二的动画视频。

图 8-26　点击"模板中心"按钮

图 8-27　切换至"生日祝福"选项卡

步骤 03 选择合适的模板，进入"模板预览"界面，预览选择的模板，点击"使用模板"按钮，如图 8-28 所示。

步骤 04 执行操作后，进入相应的编辑界面，运营者可以替换其中的动画元素，修改其中的文字、角色、道具、形状和声音等元素，还可以修改动画路径和动画效果类型，如图 8-29 所示。

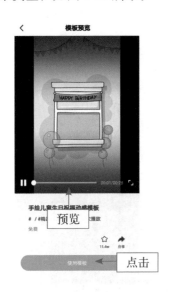

图 8-28 点击"使用模板"按钮

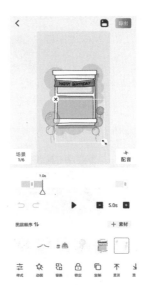

图 8-29 编辑界面

8.3 视频拍摄，掌握技巧

很多人在拍摄抖音、快手等短视频时，不知道该拍什么内容，也不知道哪些内容容易上热门。笔者在本节给大家分享 10 大爆款短视频内容形式，即便运营者只是一个普通人，只要视频的内容戳中了"要点"，也可以让账号快速蹿红。

8.3.1 搞笑视频，增加观众好感

打开抖音或者快手，随便刷几个短视频，就会看到其中有搞笑类的短视频内容。这是因为短视频毕竟是人们在闲暇时间用来放松或消遣的娱乐方式，平台也非常喜欢这种搞笑类的短视频内容，更愿意将这些内容推送给观众，增加观众对平台的好感，同时让平台变得更为活跃。

运营者在拍摄搞笑类短视频时，可以从以下几个方面入手来创作内容。

（1）剧情设置。运营者可以通过自行招募演员、策划剧本，来拍摄具有搞笑风格的短视频作品。这类短视频中的人物形体和动作通常都比较夸张，同时语

言幽默搞笑，感染力非常强。

（2）创意剪辑。通过截取一些搞笑的影视短片镜头画面，并配上字幕和背景音乐，制作成创意搞笑的短视频。例如，某抖音搞笑视频账号获得了 439.1 万的粉丝数，总获赞数为 5241.6 万次，该账号发布的视频主要是由各个影视剧中的搞笑片段、恰当的表情包和动感十足的背景音乐组成，制作出的视频笑点很强，视频的点赞和转发次数都取得了不错的成绩，如图 8-30 所示。

图 8-30　搞笑类短视频示例

（3）犀利吐槽。对于语言表达能力比较强的运营者来说，可以直接用真人出镜的形式，来上演脱口秀节目，吐槽一些接地气的热门话题或者各种趣事，加上非常夸张的造型、神态和表演，来给观众留下深刻印象，吸引粉丝关注。

在抖音、快手等短视频平台上，运营者自行拍摄各类原创幽默搞笑段子，变身搞笑达人，可以轻松获得大量粉丝关注。当然这些搞笑段子的内容最好来源于生活，与大家的生活息息相关，或者就是发生在自己周围的事，这样会让观众产生亲切感。另外，搞笑类短视频的内容包涵面非常广，各种酸甜苦辣应有尽有，不容易让观众产生审美疲劳，这也是很多人喜欢搞笑段子的原因。

例如，在抖音粉丝数排行靠前的"陈翔六点半"，就是一个专门生产各种搞笑段子的短视频大 IP，它在以"解压、放松、快乐"为主题的小情节短剧中嵌入了许多喜剧色彩元素，仅在抖音上就获得了 6480.6 万的粉丝关注，点赞量更是达到了 6.5 亿次，如图 8-31 所示。

图 8-31 "陈翔六点半"抖音号

 专家提醒

　　"陈翔六点半"采用电视剧高清实景的方式来进行拍摄，通过夸张幽默的剧情内容和表演形式，通过一两个情节和笑点来展现普通人生活中的各种"囧事"，时长不超过 1 分钟。

8.3.2　舞蹈视频，视听体验更好

　　除了比较简单的音乐类手势舞外，抖音和快手上面还有很多比较专业的舞蹈类视频，包括个人、团队、室内和室外等类型，同样讲究与音乐节奏的配合。例如，比较热门的有"嘟拉舞""panama 舞""heartbeat 舞""搓澡舞""seve 舞步"和"BOOM 舞"等。舞蹈类视频需要运营者具有一定的舞蹈基础，同时比较讲究舞蹈的力量感，这些都是需要经过专业训练的。

　　例如，"代古拉 K"就是在抖音上用一支动感的"甩臀舞"，给观众留下了深刻的印象。"代古拉 K"是一名职业舞者，她拍的舞蹈视频很有青春活力，再加上纯净的甜美笑容，给人朝气蓬勃、活力四射的感觉，跳起舞蹈来更是让人心旌荡漾，在抖音上迅速走红。

　　拍摄舞蹈类短视频时，最好使用高速快门，有条件的可以使用高速摄像机，这样能够清晰完整地记录舞者的所有动作细节，给观众带来更好的视听体验。除了设备要求外，这种视频对于拍摄者本身的技术要求也比较高，拍摄时要跟随舞

者的动作重心来不断运镜，调整画面的中心焦点，抓拍最精彩的舞蹈动作。笔者总结了一些拍摄舞蹈类短视频的相关技巧，如图 8-32 所示。

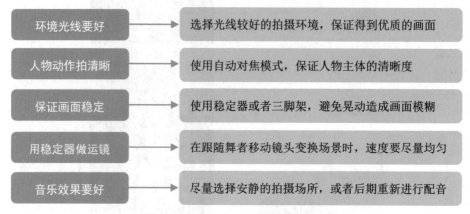

环境光线要好	选择光线较好的拍摄环境，保证得到优质的画面
人物动作拍清晰	使用自动对焦模式，保证人物主体的清晰度
保证画面稳定	使用稳定器或者三脚架，避免晃动造成画面模糊
用稳定器做运镜	在跟随舞者移动镜头变换场景时，速度要尽量均匀
音乐效果要好	尽量选择安静的拍摄场所，或者后期重新进行配音

图 8-32 拍摄舞蹈类短视频的相关技巧

 专家提醒

　　如果运营者是用手机拍摄，则需要注意与舞者的距离不能太远。由于手机的分辨率不高，如果拍摄时距离舞者太远，则舞者在镜头中就会显得很小，而且舞者的表情动作细节也得不到充分的展现。

8.3.3 音乐视频，注重情绪表演

　　音乐类短视频玩法可以分为原创音乐类、歌舞类，以及对口型表演类等。

　　（1）原创音乐类短视频

　　原创音乐比较有技术性，要求运营者有一定的创作能力，能写歌或者会翻唱改编等。例如，抖音平台发布了"音乐人计划"，来扶持原创音乐人，用丰富资源与精准算法为音乐人提供独一无二的支持。对于有音乐创作实力的运营者来说，可以入驻成为"抖音音乐人"，发布自己的音乐作品，如图 8-33 所示。

　　（2）歌舞类短视频

　　这种短视频内容更加偏向于情绪的表演，注重情绪与歌词的关系，对于舞蹈的力量感等这些专业性的要求不是很高，对舞蹈功底也基本没有要求。例如，音乐类的手势舞，如"我的将军啊""小星星""爱你多一点点""体面""我的天空""心愿便利贴""少林英雄""后来的我们""生僻字""学猫叫"等，运营者只需用手势动作和表情来展现歌词内容，将舞蹈动作卡在节奏上即可，如图 8-34 所示。

图 8-33 "抖音音乐人"的入驻平台和流程

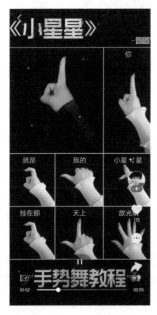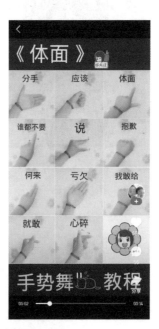

图 8-34 手势舞短视频示例

（3）对口型表演类

对口型表演类的难度会更高一些，因为运营者既要考虑情绪的表达，又要确保口型的准确。以抖音 App 为例，在录制这类视频时，运营者可以先选择开启"快"速度模式，然后对口型的背景音乐就会变得很慢，这样可以更准确地进行对口型的表演。同时，运营者要注意表情和歌词的对应，每个时间点出现什么歌词，运营者就要做什么样的口型动作。

8.3.4　情感视频，渲染情感氛围

情感类短视频主要是将情感文字录制成语音，然后配合相关的视频背景，来渲染情感氛围，如图 8-35 所示。

图 8-35　情感类短视频示例

另外，运营者也可以采用一些更专业的玩法，那就是拍摄情感类的剧情故事，这样会更具有感染力。例如，"丁公子"抖音号发布的某个短视频，讲述了一个求婚故事。视频中，女主人公接到男朋友出车祸的通知，疯狂赶到男朋友家中，却被告知只是一个恶作剧；当女主人公生气地转身离开时，房间灯光一暗，好友们纷纷出场，男朋友单膝下跪向她求婚。剧情的前后反转让这个短视频的点赞数达到了 128.3 万次，评论数量达到了 1.7 万条，转发量也达到 1.3 万次。

对于这种剧情类情感短视频说，以下两个条件必不可缺。

（1）优质的场景布置。

（2）专业的拍摄技能。

需要注意的是，情感类短视频的声音处理非常重要，运营者可以找专业的录音公司帮忙转录，从而让观众深入到情境之中，产生极强的共鸣感。

8.3.5　连续剧类，持续吸引粉丝

连续剧短视频有一个很好的作用，那就是可以吸引粉丝持续关注自己的作品。下面介绍一些连续剧短视频内容的拍摄技巧，如图 8-36 所示。

例如，"小米手机"在抖音上发布的《小金刚能不能活过这一集》系列短剧，又名《小金刚的 100 种"死法"》，就是连续剧类的短视频，如图 8-37 所示。该系列短剧不仅邀请创始人雷军使用自家产品模仿"水滴石穿"这个热门的抖音桥段，而且还大量征集用户的意见，通过挑战赛号召大家一起跟拍，话题播放总数达到了 22.8 万次。

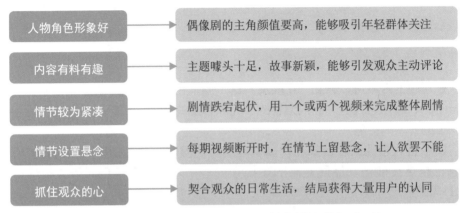

人物角色形象好	→	偶像剧的主角颜值要高，能够吸引年轻群体关注
内容有料有趣	→	主题噱头十足，故事新颖，能够引发观众主动评论
情节较为紧凑	→	剧情跌宕起伏，用一个或两个视频来完成整体剧情
情节设置悬念	→	每期视频断开时，在情节上留悬念，让人欲罢不能
抓住观众的心	→	契合观众的日常生活，结局获得大量用户的认同

图 8-36　连续剧短视频内容的拍摄技巧

图 8-37　连续剧短视频账号示例

另外，在连续剧短视频的结尾处，运营者可以加入一些剧情选项，来引导用户去评论区留言互动。笔者通过研究大量连续剧爆款短视频，发现它们遵循两个规律。

（1）高颜值视觉体验，抓住观众眼球。在策划连续剧短视频时，运营者需要对剧中的角色形象进行包装设计，通过服装、化妆、道具和场景等元素，给用户带来视觉上的惊喜。

（2）设计反转的剧情，吸引粉丝关注。运营者在短视频中可以运用一些比较经典的台词，并在剧情中插入一些悬疑、转折和冲突的桥段，让视频内容更具有吸引力。

8.3.6　正能量类，更多流量扶持

在网络上常常可以看到"正能量"这个词，它是指一种积极的、健康的、催人奋进的、感化人性的、给人力量的、充满希望的动力和情感，是社会生活中积极向上的一系列行为。

如今各大短视频平台都在积极引导用户拍摄具有"正能量"的内容。只有那些主题更正能量、品质更高的短视频内容，才能真正为用户带来价值，如图 8-38 所示。

图 8-38　正能量类短视频示例

对于平台来说，也会给予这种正能量内容的短视频更多的流量扶持，其中抖音"正能量"话题的播放量就达到了惊人的 5583 亿次，如图 8-39 所示。如环卫工人、公交车司机、外卖骑手和快递员等，这些社会职业都属于正能量角色，如果能拍摄给他们送温暖的视频，也能获得很大的传播量，受到更多人欢迎。

#正能量

5583.0亿次播放

☆ 收藏

图 8-39　抖音"正能量"话题

另外，运营者也可以用短视频分享一些身边的正能量事件，如乐于助人、救死扶伤、颁奖典礼、英雄事迹、为国争光的体育健儿、城市改造、母爱亲情、爱护环境、教师风采以及文明礼让等，引导和带动粉丝弘扬传播正能量。

8.3.7　侦探视频，创意稀缺性高

侦探类短视频因为有一定的稀缺性，成为抖音上的流行内容。通常情况下，这类短视频的内容设定要有新意，剧情有看点，同时能够向观众讲解一些做人道理或者知识科普，给观众带来价值，这样才能受到大家的长久关注。

例如，"懂车侦探"抖音号发布了一系列的短视频，剧情设计贴近生活，帮助大家识别各种骗局、远离危险、保护自己，创意稀缺性非常高，在抖音上吸引了 2986.4 万粉丝，作品的总点赞量更是高达 2.8 亿次，如图 8-40 所示。

图 8-40　"懂车侦探"抖音号

笔者通过分析大量侦探类短视频案例，总结了一些拍摄经验，希望能够帮助大家拍出更加优质的作品，如图 8-41 所示。

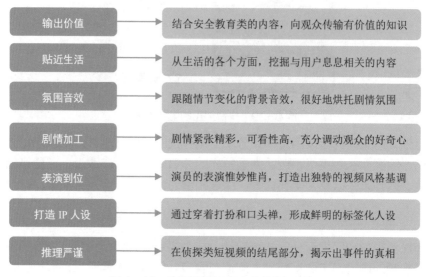

输出价值	→	结合安全教育类的内容，向观众传输有价值的知识
贴近生活	→	从生活的各个方面，挖掘与用户息息相关的内容
氛围音效	→	跟随情节变化的背景音效，很好地烘托剧情氛围
剧情加工	→	剧情紧张精彩，可看性高，充分调动观众的好奇心
表演到位	→	演员的表演惟妙惟肖，打造出独特的视频风格基调
打造 IP 人设	→	通过穿着打扮和口头禅，形成鲜明的标签化人设
推理严谨	→	在侦探类短视频的结尾部分，揭示出事件的真相

图 8-41　侦探类短视频内容的拍摄技巧

8.3.8　家居物品，轻松成为爆款

即使是简单常见的家居日用品，也有可能在抖音、快手中成为爆款。如今，短视频已经深入人们生活的方方面面，好像没有什么是不能拍摄的东西了。当然，面对普通的家居物品，运营者更需要掌握一些拍摄技巧，如图 8-42 所示。

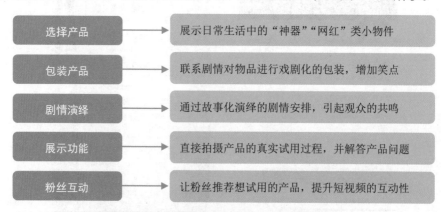

选择产品	→	展示日常生活中的"神器""网红"类小物件
包装产品	→	联系剧情对物品进行戏剧化的包装，增加笑点
剧情演绎	→	通过故事化演绎的剧情安排，引起观众的共鸣
展示功能	→	直接拍摄产品的真实试用过程，并解答产品问题
粉丝互动	→	让粉丝推荐想试用的产品，提升短视频的互动性

图 8-42　家居物品类短视频内容的拍摄技巧

例如，某快手号的视频内容就是各种家居好物分享，运营者以"100 件家居好物"为主题，在短视频中分享自己发现的家居好物，如图 8-43 所示。

图8-43　某快手号发布的家居物品类短视频内容

对于那些没有一技之长的运营者来说，也可以去淘宝、拼多多等电商平台，找一些销量高、热度高的"网红"日用品，来模仿这些爆款视频的拍摄方法，拍出自己的短视频作品。

8.3.9　探店视频，带来直观体验

在各大短视频平台上，探店类短视频也占据了一席之地。探店类短视频之所以如此火爆，主要在于它能够帮助那些想去而由于各种原因没能去的观众，提前了解这些店铺的消费经验，而且这个过程能够给观众带来身临其境的直观体验感。

运营者在拍摄探店类短视频时，可以与要去的商家进行合作，将店铺的优势通过短视频展现出来，当然也要保证内容的真实性，这样才能打造短视频账号的信任度。下面分享一些探店类短视频的拍摄技巧。

（1）店主出镜。对于爱表演、有打造 IP 形象想法的店主来说，运营者可以帮助他们策划剧情，安排在短视频中真人出镜，让他们现身说法，增加视频内容和产品服务的可信度。

（2）融入情感。探店类短视频的主要内容虽然是推广商家的产品或服务，但运营者也可以在视频中加入情感故事来打动观众，这样更容易获取粉丝的关注。

（3）增加笑点。在探店类短视频的表演形式上，尽量增加一些有笑点或槽点的段子，同时也可以运用幽默搞笑的解说方式，来突出店铺产品或服务的特征。

（4）搭配字幕。由于短视频的内容比较精彩，且通常解说的语速较快，观众有可能难以理解，因此必须给语音增加字幕，便于观众理解和记忆。图 8-44 所示，为"探苏州"抖音号发布的美食探店类短视频作品，这个账号的粉丝虽然刚过百万，但点赞量却达到了 1292.2 万次，观众的评论互动量非常高。

（5）地理定位。以抖音平台为例，建议商家一定要认证抖音的 POI（Point Of Interest，可理解为兴趣点或定位），这样可以获得一个专属的唯一地址标签，只要能在高德地图上找到你的实体店铺，认证后即可在短视频中直接展示出来。这样，看到视频的观众只需点击视频中的绿色地理位置标签，即可跳转到店铺主页，如图 8-45 所示。在该页面会展示店铺的地图位置、访问次数、营业时间、推荐菜以及相关的探店短视频，同时观众还可以在这里对大家进行提问，了解店铺的各种细节信息。

图 8-44　美食探店类短视频示例

图 8-45　商家 POI 页面

 专家提醒

　　商家可以通过 POI 页面建立与附近粉丝直接沟通的桥梁，向他们推荐商品、优惠券或者店铺活动等，有效为线下门店导流，同时能够提升转化效率。

　　另外，抖音还推出了"扫码拍视频领券"功能，非常适合线下流量好的实体店，能够极大地鼓励运营者进行创作和分享短视频，不仅能够吸引更多用户到店消费，还在抖音增加了店铺的曝光量。

8.3.10 技术流类，展示独特才艺

"技术流"是各种技术的合称，常见的技术流类短视频内容包括视频特效、才艺表演、魔术、手工制作、厨艺和摄影等专业技能，运营者可以将自己的独特才艺或者想法拍成短视频。

以视频特效这种"技术流"内容为例，普通的运营者可以直接使用抖音的各种"魔法道具"和控制拍速的快慢等功能，再选择合适的特效、背景音乐、封面和滤镜等，来实现一些简单的特效。对于较为专业的用户来说，则可以使用巧影、Adobe Photoshop 和 Adobe After Effects 等软件来实现各种特效。

"技术流"类的短视频内容，很容易吸引大众的注意。例如，"黑脸 V"就是通过"技术流"的视频内容，再加上从来不露脸的神秘感，成为人们的关注对象，获得了 2862.6 万的粉丝关注，短视频的总点赞量达到 2.8 亿次，如图 8-46 所示。

图 8-46 "黑脸 V"的"技术流"类短视频内容示例

第 9 章

吸粉引流：
粉丝流量源源不断

对于运营者来说，要获取可观的收益，关键在于获得足够的流量。
那么运营者如何实现快速引流呢？

本章将从引流的技巧、平台内的引流方式来实现用户的聚合，帮助
大家可以快速聚集大量用户，实现品牌和产品的高效传播。

9.1 引流技巧，效率翻倍

短视频自媒体已经是发展的一个趋势，影响力越来越大，用户也越来越多。私域流量运营者们怎么可能会放弃这个好的流量池。本节将介绍利用短视频平台进行引流的技巧，让运营者效率翻倍，每天都能够轻松引流吸粉 1000 ＋。

9.1.1 硬广引流，简单直接效果直观

硬广告引流法是指在短视频中直接进行产品或品牌展示。针对不同类型的产品或品牌，运营者可以采取不同的展示方法。例如，护肤品类的产品广告，运营者可以收集并整理品牌方或粉丝提供的效果图，制作成前后效果对比视频，这样做更能突显产品的功效，增加产品的可信度。

再例如，华为的抖音官方账号打造了各种原创类高清短视频，结合产品自身的优势功能来推广产品，吸引粉丝关注，如图 9-1 所示。

图 9-1 华为的短视频广告引流

9.1.2 热搜引流，蹭热点获得高曝光

对于短视频运营者来说，蹭热点已经成为一项重要的技能。运营者可以利用平台的热搜寻找当下的热词，让自己的短视频高度匹配这些热词，以得到更多的曝光。

下面以抖音 App 为例，介绍 4 个利用抖音热搜引流的方法，如图 9-2 所示。

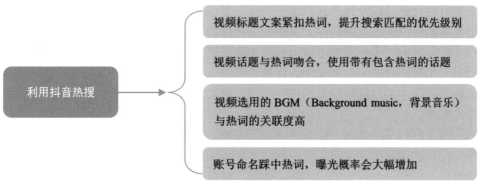

图 9-2　利用抖音热搜引流的方法

9.1.3　原创引流，获得更多流量推荐

短视频的内容，最好是原创，尽量不要直接搬运别人的视频。直接搬运的视频，内容不具有稀缺性和新意，那么用户浏览视频和关注账号的可能性就会降低，甚至可能会降低用户对账号的好感度，引流效果自然也不佳。

因此，对于有短视频制作能力的运营者来说，原创引流是最好的选择。运营者可以先通过发布原创短视频吸引用户关注，再在昵称个人简介等地方留下联系方式进行引流。

此外，运营者在制作原创短视频内容时还可以参考平台的鼓励方向，让作品获得更多推荐，来获得更好的引流效果。

9.1.4　评论引流，巧妙利用引流话术

愿意在短视频平台的评论区留言的人，一般都是短视频平台的忠实用户，且活跃度较高，对视频内容也比较感兴趣。因此，如果运营者能把握机会，适当引流，就会取得不错的引流效果。运营者可以通过回复评论的方式进行引流，下面介绍评论热门作品引流法和评论区软件引流两种方法。

1. 评论热门作品引流法

笔者将评论热门作品引流分为了两点，一点是运营者回复评论；另一点是精准粉丝引流法。

回复评论对于引流非常重要。一条视频成为热门视频之后，会吸引许多用户的关注。此时，运营者如果在热门视频中进行评论，且评论内容对其他用户具有吸引力，那些积极评论的用户就会觉得自己的意见得到了重视。这样一来，这部分用户自然更愿意持续关注那些积极回复评论的短视频账号。

不管是在哪一个短视频平台上，用户都会更愿意持续关注尊重自己的账号。

如果运营者秉持这个理念，并将这个理念贯彻，用心去回复评论，自然就可以吸引更多用户关注自己的账号，从而提高带货能力。

回复评论对于短视频电商运营者尤其重要。有时用户虽然有购买产品的需求，但是心中有一些疑问，于是便选择通过评论来寻求答案。此时，运营者便可以通过解答评论中的疑问来打消用户的顾虑，提高用户下单的概率，并增强用户对账号的黏性。

除了在自己的视频评论区中进行引流外，运营者还可以在同行业或同领域的热门视频的评论区中进行引流，即精准粉丝引流法。运营者可以关注同行业或同领域的相关账号，评论他们的热门作品，并在评论中打广告，给自己的账号或者产品引流。例如，卖女性产品的运营者可以多关注一些护肤、美容的相关账号，因为关注这些账号的粉丝大多是女性群体。

运营者可以到"网红大咖"或者同行发布的短视频评论区进行评论。精准粉丝引流法主要有两种方法。

- 直接评论热门作品。特点是流量大、竞争大。
- 评论同行的作品。特点是流量小但是粉丝精准。

例如，做美白产品的运营者，在抖音搜索美白类的关键词，即可找到很多同行的热门作品。运营者可以将这两种方法结合，同时注意评论的频率不能过高，评论的内容不可以千篇一律，不能带有敏感词。

评论热门作品引流法有两个小诀窍，具体如下。

（1）用小号到当前热门作品中去评论。评论内容可以写：想看更多精彩视频请点击→→@你的大号。此外，小号的头像和个人简介等资料都是用户能第一眼看到的东西，因此小号的资料要认真填写，尽量给人专业的感觉。

（2）直接用大号去热门作品中回复。例如，在热门作品下发表"想看更多好玩视频请点我"等评论。注意，大号不要频繁进行这种操作，建议一小时内去评论2～3次即可，太频繁地评论可能会被系统禁言。这么做的目的是直接引流，把别人热门作品里的用户流量引入到你的作品里。

2. 评论区软件引流

网络上有很多专业的评论区引流软件，可以多个平台24小时同时工作，源源不断地帮运营者进行引流。

运营者只要把编辑好的引流话术填写到软件中，然后打开开关，软件就自动不停地在抖音等短视频平台的评论区评论，为运营者带来大量的流量。需要注意的是，仅仅通过软件自动评论引流的方式还不是很完美，运营者还需要上传一些真实且质量高的视频，对账号运营多用点心，这样才能留住被引来的粉丝，提高粉丝黏性，流量也更加精准。

9.1.5 矩阵引流，明确定位共同发展

矩阵引流是指通过同时做不同账号的运营，来打造一个稳定的粉丝流量池。道理很简单，做 1 个账号是做，做 10 个账号也是做，同时做可以为运营者带来更多的收获。打造矩阵基本都需要团队的支持，至少要配置 2 个主播、1 个拍摄人员、1 个后期剪辑人员和 1 个推广营销人员，从而保证多账号矩阵的顺利运营。

矩阵引流的好处很多。首先可以全方位地展现品牌特点，扩大影响力；其次还可以形成链式传播来进行内部引流，大幅度提升粉丝数量。例如，被抖音带火的城市西安，就是在抖音矩阵的帮助下成功的。据悉西安已经有 70 多个政府机构开通了官方抖音号，这些账号通过互推合作引流，同时搭配 KOL 引流策略，让西安成为"网红"打卡城市。西安通过打造抖音矩阵大幅度地提升了城市形象，同时也给旅游行业引流。

账号矩阵可以最大限度地降低一个账号运营风险，这和投资理财强调的"不把鸡蛋放在同一个篮子里"的道理是一样的。多账号一起运营，无论是在做活动时还是在引流吸粉方面都可以达到很好的效果。但是在打造账号矩阵时，还有很多注意事项，如图 9-3 所示。

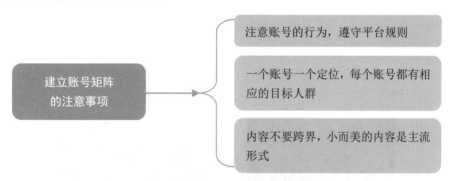

图 9-3 建立账号矩阵的注意事项

这里再次强调账号矩阵中各账号的定位，这一点非常重要。每个账号角色的定位不能过高或者过低，更不能错位；既要保证主账号的发展，也要让子账号能够得到很好的成长。例如，华为公司的抖音主账号为"华为"，粉丝数量达到了977.2 万，其定位主要是品牌宣传；子账号包括"华为终端""华为商城""华为 5G""华为企业业务""华为云"和"华为终端云服务"等，分管不同领域的短视频内容推广引流，如图 9-4 所示。

图 9-4　华为公司的抖音矩阵

9.1.6　私信引流，增加每一刻的曝光

大部分短视频平台都有"发私信"功能，一些粉丝可能会通过该功能给运营者发信息，运营者可以时不时看一下，并利用私信回复来进行引流。图 9-5 所示，为利用抖音私信消息引流。

图 9-5　利用抖音私信消息引流

9.1.7 线下引流，为线下实体店引流

短视频平台的引流是多方向的，既可以从平台或者跨平台引流到账号本身，也可以将账号流量引导至其他的线上平台，还可以将账号流量引导至线下的实体店铺。例如，CoCo 奶茶、宜家等线下店通过抖音吸引了大量粉丝前往消费。

以抖音 App 为例，用抖音给线下店铺引流最好的方式就是开通企业号，利用"认领 POI 地址"功能，在 POI 地址页展示店铺的基本信息，实现线上到线下的流量转化。当然，要想成功引流，运营者还必须持续输出优质的内容，保证稳定的更新频率，与粉丝多互动，并保证产品的质量，做到这些可以为店铺带来长期的流量保证。

9.1.8 SEO 引流，视频关键词的选择

SEO 是 Search Engine Optimization 的英文缩写，中文译为"搜索引擎优化"。它是指通过对内容的优化获得更多流量，从而实现自身的营销目标。所以说起 SEO，许多人首先想到的可能就是搜索引擎的优化，如百度平台的 SEO。

其实，SEO 并不只是搜索引擎独有的运营策略，短视频平台同样是可以进行 SEO 优化的。比如运营者可以通过对短视频的内容运营，实现内容霸屏，从而让相关内容获得快速传播。

短视频 SEO 优化的关键就在于视频关键词的选择。而视频关键词的选择又可细分为两个方面，即关键词的确定和关键词的使用。

1. 视频关键词的确定

用好关键词的第一步就是确定合适的关键词。通常来说，确定视频关键词主要有以下两种方法。

（1）根据内容确定关键词

什么是合适的关键词？笔者认为，它首先应该是与账号的定位以及短视频内容相关的。否则用户即便看到了短视频，也会因为内容与关键词不对应而直接滑过，而这样一来，选取的关键词也就没有太多积极意义了。

（2）通过预测选择关键词

除了根据内容确定关键词之外，还需要学会预测关键词。用户在搜索时所用的关键词可能会呈现阶段性的变化。

具体来说，许多关键词都会随着时间的变化而具有不稳定的升降趋势。因此运营者在选取关键词之前，需要先预测用户搜索的关键词。下面从两个方面分析介绍如何预测关键词。

● 社会热点新闻是人们关注的重点，当社会新闻出现后，会出现一大波新的关键词，搜索量高的关键词就叫热点关键词。因此，运营者不仅要关注社会新闻，还要会预测热点，抢占最有力的时间预测出热点关键词，并将其用于短视频中。下面介绍一些预测社会热点关键词的方向，如图 9-6 所示。

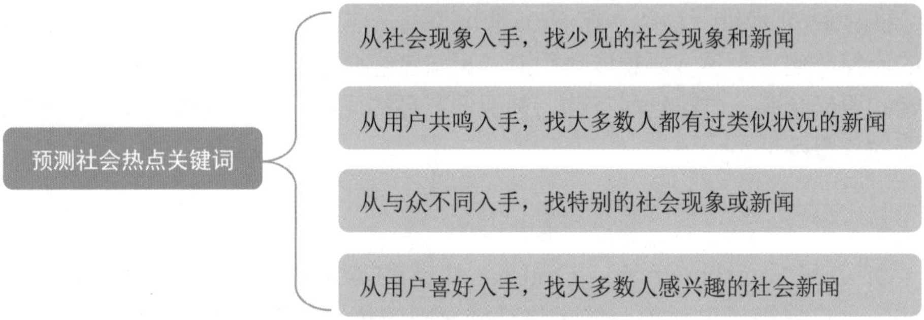

预测社会热点关键词

从社会现象入手，找少见的社会现象和新闻

从用户共鸣入手，找大多数人都有过类似状况的新闻

从与众不同入手，找特别的社会现象或新闻

从用户喜好入手，找大多数人感兴趣的社会新闻

图 9-6　预测社会热点关键词

● 除此之外，即便搜索同一类物品，用户在不同时间段选取的关键词仍可能有一定的差异性，也就是说用户在搜索关键词的选择上可能会呈现出一定的季节性。因此运营者需要根据季节性，预测用户搜索时可能会选取的关键词。值得一提的是，关键词的季节性波动比较稳定，主要体现在季节和节日两个方面。以搜索服装类内容为例，用户可能会直接搜索包含四季名称的关键词，如春装、夏装等；也可能会直接搜索包含节日名称的关键词，如春节服装。运营者除了可以从季节和节日名称上进行预测，还可以从以下方面进行预测，如图 9-7 所示。

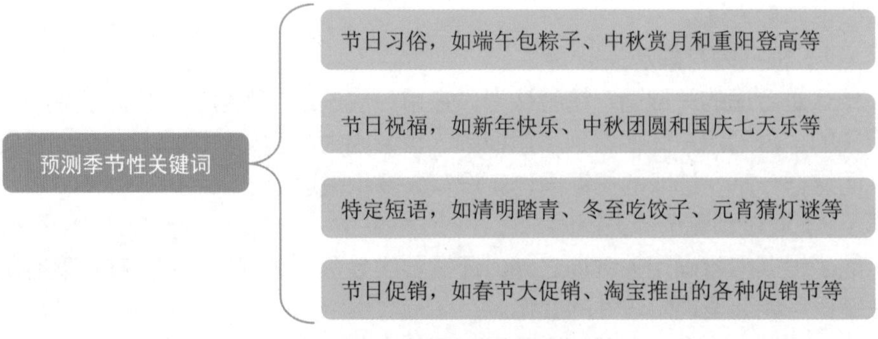

预测季节性关键词

节日习俗，如端午包粽子、中秋赏月和重阳登高等

节日祝福，如新年快乐、中秋团圆和国庆七天乐等

特定短语，如清明踏青、冬至吃饺子、元宵猜灯谜等

节日促销，如春节大促销、淘宝推出的各种促销节等

图 9-7　预测季节性关键词

2. 视频关键词的使用

在添加关键词之前，运营者可以通过查看朋友圈动态、微博热点等方式，抓

取近期的高频词汇，将其作为关键词嵌入抖音短视频中。需要特别说明的是，运营者统计出关键词后，还需了解关键词的来源，只有这样才能让关键词用得恰当。

除了选择高频词汇之外，运营者还可以通过在账号的介绍信息和短视频文案中增加关键词使用的频率，让内容尽可能地与自身业务直接联系起来，从而给用户一种专业的感觉。

9.1.9 推荐机制，提高短视频关注量

要想成为短视频领域的超级 IP，运营者首先要想办法让自己的作品火爆起来。如果运营者没有那种一夜爆火的好运气，就需要一步一步脚踏实地地做好自己的短视频内容。当然，这其中也有很多运营技巧，能够帮助运营者提高短视频的关注量，而平台的推荐机制就是不容忽视的重要环节。

以抖音平台为例，运营者发布到该平台的短视频需要经过层层审核，才能被大众看到，其背后的主要算法逻辑分为 3 个部分，分别为智能分发、叠加推荐和热度加权，如图 9-8 所示。

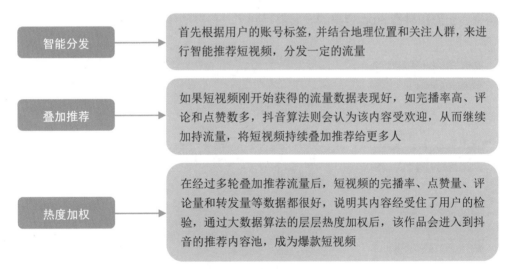

图 9-8 抖音的算法逻辑

9.2 平台引流，专属流量

除了利用短视频平台为账号引流外，运营者还可以利用其他平台为短视频账号引流。本节介绍利用分享机制、音乐平台、今日头条 App 和百度平台引流的方法。

9.2.1　分享机制，获得更多专属流量

短视频平台一般都有"分享"功能，方便运营者或用户对短视频进行分享，扩大视频的传播范围。如果运营者将短视频分享给相对应的群体，就可能获取更多的播放量和黏性更高的粉丝。因此，运营者需要注意短视频平台的分享机制，确保分享的短视频发挥其最大作用即运营者利用平台的分享机制将视频分享给相对应的群体，以获得更多的播放量和黏性更高的粉丝。如抖音 App 的内容分享机制就进行了重大调整，拥有了更好的跨平台引流能力。

此前将抖音短视频分享到微信和 QQ 后，被分享者只能收到短视频链接。但现在将作品分享到朋友圈、微信好友、QQ 空间和 QQ 好友，用户只要点击想分享的平台按钮抖音就会自动下载视频。下载完成后，用户可以选择将视频发送到相应平台。用户只需点击相应按钮，就可以自动跳转到相应平台，以微信为例，用户可以点击"发送视频到微信"按钮，跳转至微信聊天界面，选择好友发送视频即可实现单条视频的分享，点开即可观看视频。

抖音分享机制的改变，无疑是对微信分享限制的一种突破，此举对运营者的跨平台引流和抖音 App 自身的发展都起到了一些推动作用，如图 9-9 所示。

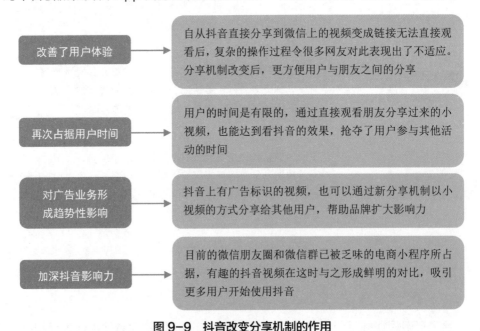

图 9-9　抖音改变分享机制的作用

9.2.2　音乐平台，目标受众重合度高

短视频与音乐是分不开的，因此运营者还可以借助各种音乐平台来给自己的

账号引流，常用的音乐平台有 QQ 音乐、蜻蜓 FM 和网易云音乐等。

音乐和音频的一大特点是，只要听就可以传达消息。也正是因为如此，音乐和音频平台始终都有一定的受众。而对于短视频运营者来说，如果将这些受众好好利用起来，将其从音乐和音频平台引流到短视频账号中，便能实现账号粉丝的快速增长。

1. QQ 音乐

QQ 音乐是国内比较有影响力的音乐平台之一，许多人都会将 QQ 音乐 App 作为必备的 App 之一。"QQ 音乐排行榜"中设置了"抖音排行榜"，运营者只需点击进去，便可以看到抖音的许多热门歌曲，如图 9-10 所示。

图 9-10　"抖音排行榜"的相关界面

因此，对于一些短视频的创作型歌手来说，只要发布自己的原创作品，且其在抖音上流传度比较高，作品就有可能在"抖音排行榜"中霸榜。而 QQ 音乐的用户听到作品之后，就有可能去关注创作者的短视频账号，为创作者带来不错的流量。

对于大多数普通运营者来说，自身可能没有独立创作音乐的能力，但也可以将进入"抖音排行榜"的歌曲作为短视频的背景音乐。

因为有的 QQ 音乐用户在听到"抖音排行榜"中的歌曲后，可能会去短视频平台上搜索相关的内容。如果运营者的短视频将对应的歌曲作为背景音乐，便可能进入这些 QQ 音乐用户的视野。这样一来，运营者便可借助背景音乐获得一定的流量。

2. 蜻蜓FM

在蜻蜓FM平台上，用户可以直接在搜索栏中寻找自己喜欢的音频节目。对此，运营者只需根据自身内容，选择热门关键词作为标题，便可将内容传播给目标用户。图9-11所示，为笔者在蜻蜓FM平台搜索"快手"后，出现的多个与之相关的节目。

图9-11 蜻蜓FM中"快手"的搜索结果

对于短视频运营者来说，利用音频平台进行账号和短视频的宣传，是一条很好的营销思路。音频营销是一种新兴的营销方式，它主要以音频为内容的传播载体，通过音频节目运营品牌、推广产品。音频营销的特点具体如下。

（1）闭屏特点。闭屏的特点能让信息更有效地传递给用户，这对品牌和产品推广营销而言更有价值。

（2）伴随特点。相比视频、文字等载体而言，音频具有独特的伴随属性，它不需要视觉上的精力，只需双耳在闲暇时收听即可。

蜻蜓FM是一款强大的广播收听应用，用户可以通过它收听国内、海外等地区数千个广播电台。蜻蜓FM相比其他音频平台，具有如下功能特点，如图9-12所示。

短视频运营者应该充分利用用户碎片化的需求，通过音频平台来发布产品信息广告。音频广告的营销效果相比于其他形式的广告要好，而且对于听众群体的广告投放更为精准。另外，音频广告的运营成本也比较低廉，所以十分适合本地中小企业长期推广使用。

3. 网易云音乐

网易云音乐是一款专注于发现与分享的音乐产品，依托专业音乐人、DJ(Disc

Jockey，打碟工作者）、好友推荐及社交功能，为用户打造了全新的音乐生活。网易云音乐的目标受众是一群有一定音乐素养、较高教育水平、较高收入水平的年轻人，这和短视频的目标受众高度重合。因此，网易云音乐成为短视频引流的最佳音乐平台之一。

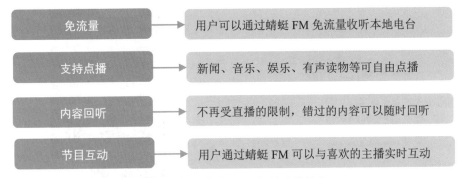

图9-12 "蜻蜓FM"的功能特点

运营者可以利用网易云音乐的音乐社区和评论功能，对自己的短视频账号进行宣传推广。例如，运营者可以在歌曲的评论区进行点评，并附上自己的短视频账号信息。需要注意的是，运营者的评论一定要贴合歌曲，并且能引起共鸣，这样引流才能成功。

9.2.3 今日头条，推广账号成功引流

今日头条是一款基于用户数据行为的推荐引擎产品，同时也是短视频内容发布和变现的一个大好平台，可以为消费者提供较为精准的信息内容。虽然今日头条在短视频领域布局了3款独立产品（西瓜视频、抖音短视频和抖音火山版），但同时也在自身的 App 上推出了短视频功能。

短视频运营者可以通过今日头条平台发布短视频，从而达到引流的目的，下面介绍具体的操作方法。

步骤01 登录今日头条 App，点击右上角的"发布"按钮，在弹出的界面中点击"视频"按钮，如图9-13所示。

步骤02 执行操作后，进入视频选择界面，选择需要发布的视频，预览选择的视频；点击"下一步"按钮，如图9-14所示。

步骤03 执行操作后，进入相应界面，编辑相关信息；点击"发布"按钮，如图9-15所示。

步骤04 执行操作后，发布的短视频会进入审核阶段，运营者点击"我的→创作中心"按钮，在"我的作品"里面可以看到刚刚发布的视频显示了"审核中"

信息，如图 9-16 所示。

图 9-13 点击"视频"按钮

图 9-14 点击"下一步"按钮

图 9-15 点击"发布"按钮

图 9-16 显示"审核中"

9.2.4　百度引流，3 个平台同时切入

作为中国网民经常使用的搜索引擎之一，百度毫无悬念地成为互联网 PC 端强劲的流量入口。具体来说，短视频运营者借助百度推广引流主要可从百度百科、百度知道和百家号这 3 个平台切入。

接下来，笔者分别对这 3 个平台进行解读。

1. 百度百科

百科词条是百科营销的主要载体，做好百科词条的编辑对短视频运营者来说至关重要。百科平台的词条信息有多种分类，但对于短视频运营者引流推广而言，主要的词条形式包括 4 种，具体如下。

（1）行业百科。短视频运营者可以以行业领头人的姿态，参与到行业词条信息的编辑，为想要了解行业信息的用户提供相关行业知识。

（2）企业百科。短视频运营者所在企业的品牌形象可以通过百科进行表述，例如：奔驰、宝马等汽车品牌，在这方面就做得十分成功。

（3）特色百科。特色百科涉及的领域十分广阔，例如，名人可以参与自己相关词条的编辑。

（4）产品百科。产品百科是消费者了解产品信息的重要渠道，能够起到宣传产品，甚至是促进产品使用和产生消费行为的作用。

短视频运营者在编辑百科词条时需要注意，百科词条是客观内容的集合，只站在第三方立场，以事实说话，描述事物时以事实为依据不加入感情色彩，没有过于主观性的评价式语句。

对于运营者引流推广而言，相对比较合适的词条形式无疑是企业百科。图 9-17 所示，为百度百科中关于"华为手机"的相关内容，采用的便是企业百科的形式。

2. 百度知道

百度知道在网络营销方面，具有很好的信息传播和推广作用。利用百度知道平台，通过问答的社交形式，可以对短视频运营者快速、精准地定位客户提供很大的帮助。

基于百度知道产生的问答营销，是一种新型的互联网互动营销方式。问答营销既能为短视频运营者植入软性广告，同时也能通过问答来挖掘潜在用户。图 9-18 所示，为关于"小米手机"的相关问答信息。

这个问答信息中，不仅增加了"小米手机"在用户心中的认知度，更重要的是对几款小米手机的信息进行了详细的介绍。而看到该问答之后，部分用户便会对小米这个品牌产生一些兴趣，这无形之中便为该品牌带来了一定的流量。百度

知道在营销推广上具有两大优势，即精准度高和可信度高。这两种优势能形成口碑效应，增强网络营销推广的效果。

图 9-17　"华为手机"的企业百科

图 9-18　"小米手机"在百度知道中的相关问答信息

3. 百家号

百家号是百度于 2013 年 12 月份正式推出的一个自媒体平台。短视频运营者入驻百度百家平台后，可以在该平台上发布文章，然后平台会根据文章阅读量的多少给予运营者收入，与此同时百家号还以百度新闻的流量资源作为支撑，能够帮助运营者进行文章推广、扩大流量。

百家号上涵盖的新闻一共有 5 大模块，即科技、影视娱乐版、财经版、体育版和文化版。而且百度百家平台排版十分清晰明了，用户在浏览新闻时非常方便。在每日新闻模块的左边是该模块最新的新闻，右边是该模块新闻的相关作者和文章排行。值得一提的是，除了对品牌和产品进行宣传之外，短视频运营者在引流的同时，还可以通过内容的发布，从百家号上获得一定的收益。

总的来说，百家号的收益主要来自于3大渠道，具体如下。

（1）广告分成。百度投放广告盈利后采取分成形式。

（2）平台补贴。包括文章保底补贴和百＋计划、百万年薪作者的奖励补贴。

（3）内容电商。通过内容中插入商品所产生的订单量和分佣比例来计算收入。

9.3 IP引流，流量暴涨

"IP引流"包括利用IP参加挑战赛、IP互推合作引流、塑造IP形象和IP在平台进行直播引流等。打造一个完美的IP可以快速达到引流的目的，然后利用IP参加各种平台活动、话题挑战等，可实现IP流量暴涨。

9.3.1 挑战话题，聚集流量

提到挑战性聚流，就不得不说抖音这个平台了。这种方式是抖音自家开发的商业化产品，抖音平台运用了"模仿"这一运营逻辑，实现了品牌最大化的营销诉求。

从平台发布的数据和在抖音上参加过挑战赛的品牌可以看出，这种引流营销模式的效果是非常可观的，那么参加挑战赛需要注意哪些规则呢？如图9-19所示。

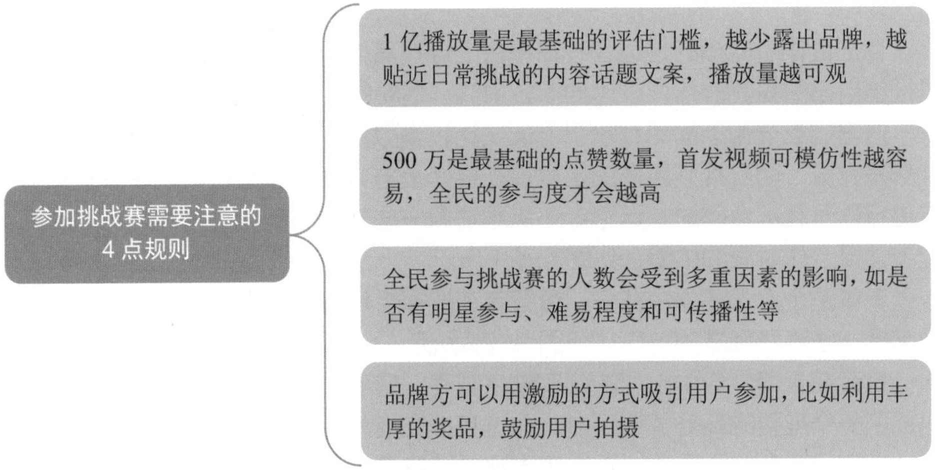

参加挑战赛需要注意的4点规则

- 1亿播放量是最基础的评估门槛，越少露出品牌，越贴近日常挑战的内容话题文案，播放量越可观
- 500万是最基础的点赞数量，首发视频可模仿性越容易，全民的参与度才会越高
- 全民参与挑战赛的人数会受到多重因素的影响，如是否有明星参与、难易程度和可传播性等
- 品牌方可以用激励的方式吸引用户参加，比如利用丰厚的奖品，鼓励用户拍摄

图9-19　参加挑战赛需要注意的4点规则

图 9-20 所示，为环法自行车赛在抖音发起的挑战赛 "全民绕圈挑战"，点击播放量达到了 2 亿次。这次挑战赛提高了环法自行车赛事的影响力和传播度，吸引了更多的人关注和参与自行车赛事。

参加抖音挑战赛，抖音的信息流会为品牌活动方提供更多的曝光机会，带去更多的流量，帮助品牌活动方吸引并沉淀粉丝。

图 9-20　环法自行车赛 "全民绕圈挑战" 挑战赛画面截图

9.3.2　互推合作，相互引流

互推合作引流指的是运营者在平台上寻找其他运营者一起合作，将对方的账号推给自己的粉丝群体，以达到双方引流、增粉的目的，做到双赢的效果。

这里的互推和上面的互粉引流玩法比较类似，但是渠道不同，互粉主要通过社群来完成，而互推则更多的是直接在抖音上与其他运营者合作，来互推账号。在进行账号互推合作时，运营者还需要注意一些基本原则，这些原则可以作为运营者选择合作对象的依据，如图 9-21 所示。

不管是个人号还是企业号，运营者在选择合作进行互推的账号时，同时还需要掌握一些账号互推的技巧，如图 9-22 所示。

抖音在人们生活中出现的频率越来越高，它不仅仅是一个短视频社交工具，也成了一个重要的商务营销平台。通过互推交换人脉资源，长久下去，互推会极大地拓宽运营者的人脉圈，而有了人脉，还怕没生意吗？

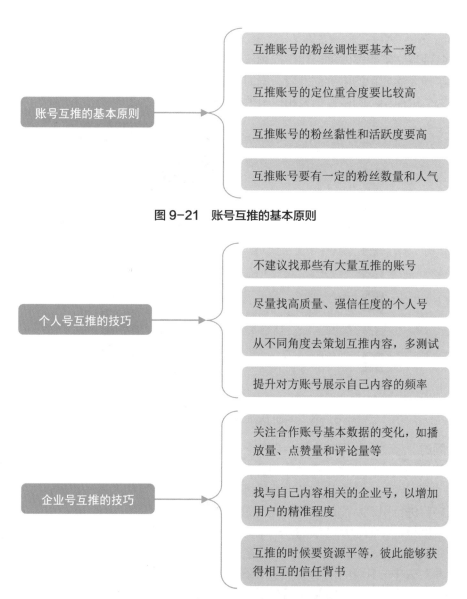

图 9-21 账号互推的基本原则

图 9-22 个人号和企业号的互推技巧

9.3.3 塑造形象，IP引流

互联网＋时代，各种新媒体平台将内容创业带入高潮，再加上移动社交平台的发展，为新媒体运营带来了全新的粉丝经济模式，一个个拥有大量粉丝的人物IP由此诞生，成为新时代的商业趋势。

1. 去中心化的粉丝经济

各种互联网新媒体平台和短视频平台的出现，比如秒拍、微视和快手等平台聚集了一大批成功的内容创业者，同时也成功地捆住了大量的粉丝。图 9-23 所示，为"短视频"的搜索结果和抖音短视频下载界面。

图 9-23　"短视频"搜索结果和抖音下载界面

同时，移动互联网的出现也使信息传输模式发生了翻天覆地的变化。比如跟之前的传统商业模式比，更多的创业者选择利用自媒体进行创业，就好比现在大火的"短视频"，更多的创业者会选择在各个短视频平台上进行内容创业，利用优质内容进行引流从而达到吸粉变现的目的。

也就是说，信息从之前的单一中心向外按层级关系传递变成了现在的信息从单一中心向多中心、无层级、同步且更快速传递的模式。

面对去中心化潮流，传统行业正在被互联网颠覆，并由此产生了 O2O、互联网金融以及移动电商等诸多新模式。同时，这也给普通人带来了更多的创业机会，他们通过网络成为各行各业的红人，也就是现在的"网红"。这些"网红"有一个共同的特点，那就是都拥有强大的粉丝群，这也使得粉丝经济成为时代的"金矿"。

在移动互联网时代，信息的传播速度急速增长，信息的碎片化特征也越来越明显，这些都对粉丝经济模式的形成有一定的推动作用，同时也对互联网中的创业者和企业产生了深远的影响。

2. 新商业模式的产生

在粉丝经济模式下，人们的购物模式都在发生变化，比如从之前的线下商圈变成了线上平台购物，之前用得比较多的 PC 端购物变成了现在的移动手机端下单购物。这两种购物模式的改变，导致了以前需要固定的时间和地点才可以消费，变成了可以利用碎片时间随时随地购买消费的现代化生活方式。

随着电子商务模式的发展，淘宝店铺的开店成本和运营成本逐渐增加，市场竞争逐渐激烈，互联网创业者们急于找到一个新的突破点。此时，他们发现抖音、快手、微视等短视频平台能够满足新购物方式的需求，于是纷纷入驻短视频平台开始创业，这样就产生了一个新的商业模式——"抖商"。

另外，模式先进的"抖商"加上内容丰富的自媒体，使得"去中心化"成为粉丝经济的焦点，同时让塑造自媒体 IP 形象变得更加容易。

同理，借助社交网络传播是粉丝经济最常用的营销手段，同时也是"去中心化商业"的具体表现。而创业者或企业在社交网络中的粉丝，很有可能就是潜在的消费者，甚至可能会成为最忠诚的消费者。

3. 通过自媒体打造个人 IP

从另一个方面来看，例如在移动互联网到来之前，大家认识、喜欢的明星可能永远都是那么几个人，而且通常只有一线明星才会拥有大量粉丝。然而，现在的明星已经变得更加多元化、"草根"化了，粉丝们喜欢的也许是明星的"高颜值"，也许是欣赏明星的多才多艺，也许只是简单地喜欢明星展示生活的方方面面。

总之，在去中心化的粉丝经济下，也许运营者只是一个默默无闻的基层创业者，但只要拥有大量的粉丝，那么运营者也就拥有了强大的号召力，就有可能成为自媒体 IP，而且运营者的号召力存在一定的商业价值和变现能力。

9.3.4　无人出镜，内容引流

在互联网商业时代，流量是所有商业项目生存的根本，谁可以用最少的时间获得更高、更有价值的流量，谁就有更大的变现机会。

在引流的过程中，运营者可能会遇到一个问题，那就是做视频或直播采用什么样的出镜方式最好？一般来说，做视频或直播有两种出镜方式，即真人出镜和无人物出镜，运营者要根据自己的实际情况进行选择。

真人出镜有助于运营者打造 IP，同时也会给视频或直播带来一定的热度。但是真人出镜的要求会比较高：首先运营者需要克服心理压力，做到不躲避镜头，表情自然；其次运营者最好有超高的颜值或才艺基础，这样才能获得不错的引流效果。

因此，真人出镜通常适合一些"大 V"打造真人 IP，积累一定粉丝数量后，就可以通过接广告、代言来实现 IP 变现。虽然这样做的门槛高，但后期变现的上限也非常高。

对于一般的运营者，在通过短视频或直播引流时，也可以采用"无人物出镜"的方式。这种方式下，账号的粉丝增长速度比较慢，但运营者可以通过账号矩阵的方式来弥补，以量取胜。下面介绍"无人物出镜"的两种视频类型。

1. 真实场景＋字幕说明

例如，"手机摄影构图大全"抖音号发布的短视频都是关于手机摄影构图方面的内容，如拍摄道路的构图方法、拍摄城市夜景的构图方法、拍摄枫树的构图方法、拍摄野花的构图方法等，主要通过真实场景演示和字幕说明相结合的形式，将自己的观点全面地表达出来，如图 9-24 所示。

这种拍摄方式可以有效避免人物的出现，同时又能够将内容完全展示出来，非常接地气，自然能够得到大家的关注和点赞。

图 9-24　真实场景演示和字幕说明相结合的案例

2. 图片演示＋音频直播

通过"图片演示＋音频直播"的内容形式，可以与用户实时互动交流。用户可以在上下班路上、睡前、地铁上和公交上边玩 App 边听课程分享，既节约了宝贵的时间，又学到了知识。

当然，这种类型的执行力远大于创意。不管短视频还是直播，无论做哪方面的内容，或者采用什么样的内容形式，都需要坚持，这样才能获得更多的流量。

9.4 微信导流，流量转化

当运营者通过注册账号、拍摄短视频内容在短视频平台上获得大量粉丝后，接下来就可以把这些粉丝导入微信，通过微信来引流，将短视频平台上的流量沉淀到自己的私域流量池，获取源源不断的精准流量，降低流量获取成本，实现粉丝效益的最大化。运营者都希望自己能够长期获得精准的私域流量，因此必须不断积累，将短视频吸引的粉丝导流到微信平台上，把这些精准的用户圈养在自己的流量池中，并通过不断导流和转化，让私域流量池中的水"活"起来，更好地实现变现。

需要注意的是，微信导流的前提是把内容做好，只有好的内容才能吸引粉丝进来，才能让他们愿意转发分享。本节以抖音平台为例，介绍从抖音平台导流至微信的 8 种常用方法。

9.4.1 常用方法 1，设置账号简介

抖音的账号简介通常是简单明了，一句话解决，主要原则是"描述账号 + 引导关注"，基本设置技巧如下：一句话的账号简介，可以前半句描述账号特点或功能，后半句引导关注微信，一定要明确出现关键词"关注"。多行文字的账号简介，一定要在多行文字的视觉中心出现"关注"两个字。

在账号简介中展现微信号是目前最常用的导流方法，而且修改起来也非常方便快捷。需要注意的是，不要在其中直接标注"微信"，而是用拼音简写、同音字或其他相关符号来代替。用户的原创短视频播放量越大，曝光率越大，引流的效果也就会越好，如图 9-25 所示。

图 9-25 在账号简介部分进行引流

9.4.2 常用方法 2，设定个人昵称

在个人昵称里设置微信号是抖音早期常用的导流方法，但如今抖音对于名称

中使用微信审核非常严格，因此"抖商"在使用时需要非常谨慎。同时，抖音的个人昵称要有特点，而且最好和定位相关。抖音个人昵称设定的基本技巧如图9-26所示。

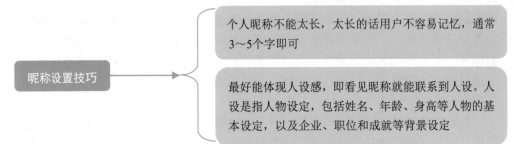

图 9-26　抖音个人昵称设置的基本技巧

9.4.3　常用方法3，视频内容展现

运营者可以在短视频内容中露出微信，如由主播自己说出来，或通过背景展现出来。只要这个视频火爆。其中的微信号也会随之得到大量的曝光。例如，某个护肤内容的短视频，通过图文内容介绍了一些护肤技巧，最后展示了主播自己的微信号实现引流。

需要注意的是，最好不要直接在视频上添加水印，这样做不仅影响粉丝的观看体验，而且可能不能通过审核，甚至会被系统封号。

9.4.4　常用方法4，用抖音号导流

抖音号跟微信号一样，是让其他人能够快速找到账号的一串独有的字符，位于个人昵称的下方，运营者可以将抖音号直接修改为自己常用的微信号。

不过这种方法有一个非常明显的弊端，那就是运营者的微信号可能会遇到达到好友上限的情况，这时就没法通过抖音号进行导流了。因此，建议运营者将抖音号设置为公众号，这样可以有效避免这个问题。

9.4.5　常用方法5，设置背景图片

背景图片的展示面积比较大，容易被人看到，因此在背景图片中设置微信号的导流效果非常明显，如图9-27所示。

图 9-27　在背景图片中设置微信号

9.4.6　常用方法 6，设置背景音乐

抖音 App 中的背景音乐也是一种流行元素，只要短视频的背景音乐成为热门，就会吸引大家去拍同款，得到的曝光程度不亚于短视频本身。因此，运营者也可以在视频内容的背景音乐中设置微信号进行导流，如图 9-28 所示。

图 9-28　在背景音乐中设置微信

9.4.7　常用方法 7，设置账号头像

抖音号的头像都是图片，在其中露出微信号，系统也不容易识别。但头像的展示面积比较小，需要点击放大后才能看清楚，因此导流效果一般。另外，带微信号的头像也需要运营者提前用 PS 或者 P 图 App 做好。

需要注意的是，抖音对于设置微信的个人头像管控得非常严格，所以运营者一定要谨慎使用。抖音号的头像也需要有特点，必须展现自己最美的一面，或者展现企业的良好形象。

运营者可以进入"编辑个人资料"界面，点击头像进行修改，有两种方式，分别是从相册选择和拍照。另外，在"我"界面中点击头像，不仅可以查看头像的大图，还可以对头像进行编辑操作。抖音头像设置的基本技巧如图 9-29 所示。

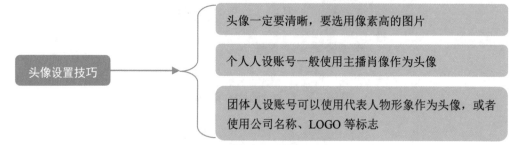

图 9-29　抖音头像设置的基本技巧

9.4.8　常用方法 8，创建抖音小号

运营者可以创建多个小号，将它们当作引导号，然后用大号去关注这些小号，通过大号来给小号引流。另外，运营者也可以在大号个人简介中露出小号的抖音号，来给小号导流。

很多抖音运营者都是有公众号或者其他自媒体平台转型来的，在短视频这一块可能会有些水土不服，难以变现，此时就只能将抖音流量导流到自己熟悉的领域了。但是，抖音对于这种行为限制比较厉害，会采取限流甚至封号的处罚。而运营者的大号养起来也非常不容易，此时就只能多借用这些小号来给微信或者公众号导流了，虽然走了一些弯路，但至少能避免很多风险。

9.5　吸粉技巧，增强黏性

对于短视频运营者来说，无论是吸粉还是粉丝的黏性都非常重要，而吸粉和粉丝的黏性又都属于粉丝运营的一部分，因此大多数短视频运营者对于粉丝运营都比较重视。这一节笔者就通过对粉丝运营相关内容的解读，帮助各位短视频运营者提高粉丝运营能力，更好地增强粉丝黏性。

9.5.1　打造人设，持续吸粉

许多用户之所以长期关注某个账号，就是因为该账号打造了一个吸睛的人设。因此短视频运营者如果通过账号打造了一个让用户记得住的、足够吸睛的人设，那么便可以持续获得粉丝。

通常来说，短视频运营者可以通过两种方式打造账号人设吸粉。一种是直接将账号的人设放在账号简介中进行说明；另一种是围绕账号的人设发布相关视频，在强化账号人设的同时，借助该人设吸粉。

专家提醒

短视频官方平台的活动会快速吸引用户的关注，短视频运营者可以通过参加短视频平台官方活动的方式，打造自己的视频内容，并借助视频将其中的部分用户变为粉丝。

9.5.2 大咖合拍，借势吸粉

大咖之所以被称为大咖，就是因为他们带有一定的知名度和流量。如果短视频运营者发布与大咖的合拍视频，便能吸引一部分对该大咖感兴趣的短视频用户，并将其中的一些用户转变为短视频账号的粉丝。

通常来说，与大咖合拍主要有两种方式。一种是与大咖合作，现场拍摄一条合拍视频；另一种是通过短视频平台中的"拍同款"功能，借助大咖已发布的视频，让大咖与自己的内容同时出现在画面中，手动进行合拍。

这两种合拍方式各有优势。与大咖现场合拍的视频，能够让用户看到大咖的现场表现，内容看上去更具有真实感。而通过"拍同款"功能进行合拍，操作相对简单，也更具有可操作性，只要大咖发布了可合拍的视频，短视频运营者便可以借助对应的视频进行合拍。

9.5.3 个性语言，吸引关注

许多用户之所以会关注某个短视频账号，主要是因为这个账号有着鲜明的个性。构成账号个性的因素有很多，个性化的语言便是其中之一。因此，短视频运营者可以通过个性化语言打造鲜明的形象，并借此吸引粉丝的关注。

短视频主要由两个部分组成，即画面和声音。而具有个性的语言则可以让视频的声音更具特色，同时也可以让整个视频对用户的吸引力更强。一些个性语言甚至可以成为短视频运营者的标志，让用户一看到该语言就会想到某位短视频运营者，甚至在看某位短视频运营者的视频和直播时，会期待其标志性话语的出现。

9.5.4 转发视频，社群吸粉

每个人都有属于自己的关系网，这个网包含的范围很大，其中甚至会包含很多没有见过面的人，比如虽然同在某个微信或 QQ 群，但从没见过面的人。如果运营者能够利用自己的关系网，将账号中已发布的视频转发给他人，那么便可以有效地扩大短视频的传播范围，为账号吸粉创造更多可能性。

平台开通了分享功能，运营者可以借助该功能将视频转发至微信或 QQ 等平台。运营者转发完成之后，微信群或 QQ 群成员如果被吸引，就很有可能登录平台，关注你的账号。当然，通过这种方式吸粉，要尽可能让视频内容与分享的微信群、QQ 群中的主要关注点有关联。

例如，同样是转发教授摄影技巧的短视频，将其转发至关注摄影的微信群获得的吸粉效果，肯定会比将视频转发至专注唱歌的微信群获得的效果好。

9.5.5　互关吸粉，黏性更强

如果用户喜欢某个账号发布的内容，可能就会关注该账号，以方便日后查看该账号发布的内容。关注只是用户表达喜爱的一种方式，大部分关注账号的短视频用户，也不会要求账号运营者进行互关。

但是，如果用户关注了运营者的短视频账号之后，运营者进行了互关，那么用户就会觉得自己得到了重视。在这种情况下，那些互关的粉丝就会更愿意持续关注运营者的账号，粉丝的黏性自然也就增强了。

这种增强粉丝黏性的方法在短视频账号运营的早期非常实用。因为短视频账号刚运营时，粉丝数量可能比较少，增长速度也比较慢，但是粉丝流失率却可能比较高。也正因为如此，短视频运营者可以尽可能地与所有粉丝互关，让粉丝感受到自己被重视。

9.5.6　话题内容，积极互动

内容方向相同的两个短视频账号，其中一个账号会经常发布一些可以让用户参与的内容，而另一个账号则只顾着输出内容，不管用户的想法。这样的两个账号，用户会更愿意留在哪个账号呢？答案是显而易见的，毕竟大多数用户都有自己的想法，也希望将自己的想法表达出来。

基于这一点，短视频运营者可以在内容打造的过程中，为用户提供一个表达的渠道。通过打造具有话题性的内容，提高用户的参与度，让用户在表达欲得到满足的同时，愿意持续关注运营者的短视频账号。

例如，某个抖音账号发布了一条关于生活冷知识的短视频，该视频的标题就叫："这些冷知识你知道吗？"看到这个标题后，许多对生活知识感兴趣的用户会忍不住想要查看该视频，再加上视频内容具有一定的引导性，因此许多用户看完视频之后，纷纷在评论区进行评论，该视频的评论量高达 1.8 万条，如图 9-30 所示。

图9-30 与用户互动

这些发言的短视频用户中，大部分会选择关注发布该视频的短视频账号；而那些已经关注了该账号的用户，则会因为该账号发布的内容比较精彩，并且自己能参与进来而进行持续关注。这样一来，该短视频账号的粉丝黏性便得到了增强。

第 10 章

商业变现：
快速掌握赚钱秘诀

根据 iiMedia Research（艾媒咨询）发布的数据显示，2021 年短视频行业的用户规模将达 8.09 亿人，增速 12%。这意味着短视频领域有大量的赚钱机会，因为用户就是金钱，用户在哪里，哪里的个人商业模式就更多，变现机会也就更大。本章将介绍广告变现的常见形式和热门平台，以及短视频变现的常用方式，帮助运营者快速掌握赚钱秘诀。

10.1 广告变现，常见形式

广告变现是目前短视频领域中最常用的商业变现模式，一般是按照粉丝数量或者浏览量来进行结算，广告形式通常为流量广告或者软广告，将品牌或产品巧妙地植入到短视频中，来获得曝光。本节介绍广告变现常见的 5 种形式。

10.1.1 流量广告，采取不同展现形式

流量广告是指将短视频流量通过广告手段实现现金收益的一种商业模式。因为流量广告变现的关键在于流量，而流量的关键就在于引流和提升用户黏性。所以，流量广告变现适合拥有大流量的短视频账号，这些账号不仅拥有足够多的粉丝关注，而且他们发布的短视频也能够吸引大量观众观看、点赞和转发。

例如，由西瓜视频发起，联合抖音、今日头条共同举办的"中视频伙伴计划"就是一种流量广告变现模式。

运营者可以在西瓜视频 App 或抖音 App 中搜索"中视频伙伴计划"，在搜索结果中点击相应链接，进入活动界面，点击"立即加入"按钮，如图 10-1 所示，即可申请加入"中视频伙伴计划"。

申请加入后，运营者需要完成申请任务并通过人工审核，才能成功加入"中视频伙伴计划"，申请任务如图 10-2 所示。

图 10-1　点击"立即加入"按钮　　　　图 10-2　申请任务

以抖音平台的流量广告为例，具体可分为 3 种展现形式。

（1）开屏广告。在抖音平台上，企业可以通过"抖音开屏"广告来大面积

推广品牌或产品。广告会在用户启动抖音时的界面中进行展示，是抖音开机的第一入口，视觉冲击力非常强，能够强势锁定新生代消费主力。

（2）信息流广告。广告的展现渠道为抖音信息流内容，竖屏全屏的展现样式更为原生态，可以给用户带来更好的视觉体验，同时通过账号关联来强势聚集粉丝。信息流广告不仅支持分享、传播，还支持多种广告样式和效果优化方式。

（3）抖音挑战赛。广告的展现渠道为抖音挑战赛形式。通过挑战赛话题的圈层传播，吸引更多用户的主动参与，并将用户引导至线上或线下店铺，形成转化。

10.1.2 浮窗 LOGO，视频嵌入品牌标识

浮窗 LOGO 也是短视频广告变现形式的一种，即在短视频内容中悬挂品牌标识，这种形式在网络视频或电视节目中经常可以见到。浮窗 LOGO 广告变现适合为品牌定制广告的运营者和品牌推广运营机构。

浮窗 LOGO 广告不仅展现时间长，而且不会过多地影响用户的视觉体验。运营者可以通过一些后期短视频处理软件，将品牌 LOGO 嵌入到短视频的角落中。例如使用剪映 App 中的"画中画"功能即可在短视频中合成广告元素，如图 10-3 所示。

图 10-3　使用剪映 App 制作浮窗 LOGO 短视频广告

10.1.3 贴片广告，更受广告主的青睐

贴片广告是一种通过展示品牌本身来吸引大众注意的、比较直观的广告变现方式，一般出现在视频的片头或者片尾，紧贴着视频内容。

贴片广告的制作难度比较大，同时还需要运营者自身具有一定的广告资源，

适合一些有粉丝的短视频运营者或短视频机构媒体。

运营者可以入驻一些专业的自媒体广告平台,这些平台会即时推送广告资源,运营者可以根据自己的视频内容选择接单。同时平台也会根据运营者的行业属性、粉丝属性、地域属性和档期等,为其精准匹配广告。

短视频贴片广告的优势有很多,这也是它比其他广告形式更容易受到广告主青睐的原因,其具体优势如下。

(1)明确到达。想要观看视频内容,贴片广告是必经之路。

(2)传递高效。和电视广告相似度高,信息传递更为丰富。

(3)互动性强。由于形式生动立体,互动性也更加有力。

(4)成本较低。不需要投入过多的经费,播放率也较高。

(5)可抗干扰。广告与内容之间不会插播其他无关内容。

10.1.4 品牌广告,推广的针对性更强

品牌广告就是以品牌为中心,为品牌和企业量身定做的专属广告。这种广告形式从品牌自身出发,完全是为了表达企业的品牌文化、理念而服务。

短视频品牌广告在内容上更加专业,要求运营者具有一定的剧本策划、导演技能、演员资源、拍摄设备、场景和后期制作等资源,因此其制作费用相对而言也比较昂贵,适合一些创作能力比较强的短视频团队。

品牌广告与其他形式的广告方式相比,针对性更强,受众的指向性也更加明确。品牌广告的基本合作流程如下。

(1)预算规划。广告主进行广告预算规划,选择广告代理公司和短视频团队,进行沟通意向。

(2)价格洽谈。广告主明确表达自己的推广需求,根据广告合作形式、制作周期以及达人影响力等因素与合作方商谈价格。

(3)团队创作。广告主需要和短视频团队充分沟通品牌在短视频中的展现形式,以及确认内容、脚本和分镜头等细节创作。

(4)视频拍摄。短视频团队在实际拍摄过程中,广告主或代理公司需要全程把控,避免改动风险,抓牢内容质量。

(5)渠道投放。将制作好的短视频投放到指定渠道,吸引粉丝关注,并进行效果量化和评估等工作,以及进行后期的宣传维护。

10.1.5 视频植入,内容与广告相结合

在短视频中植入广告,即把视频内容与广告结合起来,一般有两种形式。一种是硬性植入,将广告不加任何修饰地、硬生生地植入视频之中;另一种是创意植入,即将视频的内容和情节很好地与广告的理念融合在一起,不露痕迹,让观

众不容易察觉。相比较而言，很多人认为第2种创意植入的方式效果更好，而且接受程度更好。

视频广告植入变现的适合人群同品牌广告变现的适合人群一样，都需要有一定的短视频创作能力。

在视频领域中，广告植入的方式除了可以从"硬"广和"软"广的角度划分，还可以分为台词植入、剧情植入、场景植入、道具植入、奖品提供和音效植入等植入方式，具体内容如下。

（1）台词植入。视频主人公通过念台词的方法直接传递品牌的信息和特征，让广告成为视频内容的组成部分。

（2）剧情植入。将广告悄无声息地与剧情结合起来，如演员收快递时，吃的零食、搬的东西或逛街买的衣服等，都可以植入广告。

（3）场景植入。在视频画面中通过一些广告牌、剪贴画或标志性的物体来布置场景，从而吸引观众的注意。

（4）道具植入。让产品以视频中的道具身份现身，道具可以包括很多东西，如手机、汽车、家电和抱枕等。

（5）奖品植入。很多自媒体人或者网红为了吸引用户的关注，让短视频传播的范围扩大，往往会采取抽奖的方式来提升用户的活跃度，激励他们点赞、评论、转发。他们不仅可以在视频内容中提及抽奖信息，同时也可以在视频结尾处植入奖品的品牌信息。

（6）音效植入。用声音、音效等听觉方面的元素对受众起到暗示作用，从而传递品牌的信息和理念，达到广告植入的目的。如各大著名的手机品牌都有属于自己独特的铃声，使得人们只要一听到熟悉的铃声，就会联想到手机的品牌信息。

10.2 热门平台，增加收益

在互联网时代，哪里有流量，哪里就能产生交易。各大短视频平台在不断抢占流量的同时，推出了专业的广告变现工具，来帮助广大创作者增加自己的收益。

10.2.1 抖音：巨量星图

抖音推出的"巨量星图"和微博的"微任务"在模式上非常类似，对于广告主和抖音达人之间的广告对接有很好的促进作用，能进一步收紧内容营销的变现入口。

"巨量星图"的主要意义如下。

（1）打造更多变现机会。"巨量星图"通过高效对接品牌和头部达人／MCN机构，让达人们在施展才华的同时还能拿到不菲的酬劳。

（2）控制商业广告入口。"巨量星图"能够有效杜绝达人和 MCN 机构私自接广告的行为，让抖音获得更多的广告分成收入。

满足条件的机构要先申请抖音认证 MCN，审核通过后，入驻抖音 MCN 机构，再通过星图认证、信息填写和资质提交等一系列步骤，即可进入"巨量星图"平台接单。抖音 MCN 认证的资质要求如下。

- 申请机构具有合法公司资质。
- 成立时间超过 1 年以上。
- 成立时间不足 1 年，但达人资源丰富且内容独特，可申请单独特批。
- MCN 机构旗下签约达人不少于 5 人，且有一定的粉丝量，在相应领域具备一定达人服务能力和运营能力。

简单来说，"巨量星图"就是抖音官方提供的一个可以为达人接广告的平台，同时品牌方也可以在上面找到要接单的达人。"巨量星图"的主打功能就是提供广告任务撮合服务，并从中收取分成或附加费用。例如洋葱视频旗下艺人"代古拉 K"接过 OPPO、VIVO 和美图手机等品牌广告，抖音广告的报价超过 40 万。

提取广告收益的方法也很简单，在"巨量星图"的后台管理页面中就可以进行提现操作。需要注意的是，达人首次提现需要通过手机号绑定、个人身份证绑定和支付宝账号绑定 3 个步骤完成实名验证，验证成功后便可申请提现。

10.2.2　映客：映天下

"映天下"是一家达人营销的数字营销企业，是映客平台推出的商业变现平台，一方面可以对接更多的商家资源，另一方面也将主播的商业直播权牢牢握在手里。

"映天下"致力于与时尚、美妆、美食等领域拥有内容创作、粉丝流量、带货转化等能力的达人合作，帮助他们在社交平台寻求更多的机会。

"映天下"的入驻方法和变现方法如图 10-4 所示。

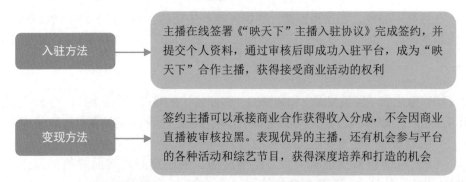

图 10-4　"映天下"的入驻方法和变现方法

专家提醒

　　需要注意的是，"映任务"作为"映天下"商业平台官方面向主播开放的唯一商业活动入口，官方不支持其他任何具有商业性质的活动，且将对私自直播商业广告的用户进行处罚。

10.2.3　快手：快接单

　　"快接单"是由北京晨钟科技推出的快手推广任务接单功能，主播可以自主控制"快接单"发布时间，流量稳定有保障，有多种转化形式保证投放效果。

　　"快接单"主要针对快手用户，目前在小范围测试中，不接受申请，只有少数受邀用户可以使用。

　　快手的广告形式主要有应用推广和品牌推广两种。

　　（1）应用推广。可以提供直接下载应用的服务，用户点击广告页面中的"立即下载"按钮后，可以直接进入下载页面。

　　（2）品牌推广。点击"查看详情"按钮，即可进入指定的落地页。

专家提醒

　　"快接单"平台还推出了"快手创作者广告共享计划"，这是一种针对广大快手"网红"的新变现功能。主播确认参与计划后，无须专门去拍短视频广告，而是将广告直接展示在主播个人作品的相应位置上，同时根据广告效果来付费，不会影响作品本身的播放和上热门等权益。粉丝浏览或点击广告等行为，都可能为主播带来收益。

10.2.4　秒拍：秒拍号

　　"秒拍号"是由一下科技推出的媒体/自媒体创作者平台，为短视频运营者提供内容发布、变现和数据管理服务。"秒拍号"平台适合自媒体和各个机构类型的运营者，能够帮助他们获得更多的曝光和关注，扩大影响力，更好地进行品牌营销与内容变现。

　　对于短视频运营者来说，"秒拍号"的主要优势如下。

　　（1）智能推荐。个性化兴趣推荐，帮助运营者的内容找到更适合的观众。

　　（2）引爆流量。上亿级流量发布平台，瞬间引爆优质内容。

　　（3）多重收益。平台提供现金分成和原创保底，并拿出 10 亿元资金来扶持优质运营者，共建内容生态。

（4）数据服务。平台提供多维度数据工具，辅助运营者进行创作，帮助他们及时复盘并优化运营效果。

运营者可以进入"秒拍号创作者平台"主页，单击"加入创作者平台"按钮，根据页面提示进行注册。"秒拍号创作者平台"不仅有视频的上传、管理和推广等功能，而且还可以给运营者添加独特的身份标识，平台会优先推荐运营者的视频作品，从而获得更高的播放量、人气和广告收入。

10.2.5 美拍：美拍 M 计划

"美拍 M 计划"是由美拍推出的短视频营销服务平台，平台会根据美拍达人的属性来分配不同的广告任务，达人完成广告任务后会获得相应的收益。

在"美拍 M 计划"的主页提供"我是达人"和"我是商家"两个不同的入口，用户可以根据自己的实际需要进行注册。

（1）针对达人用户。"美拍 M 计划"提供海量的优质广告主资源，用户能获得更多有效变现机会，资金结算更快更有保障。

（2）针对商家用户。"美拍 M 计划"为用户匹配丰富精准的达人资源，获取真实权威的数据分析，享有安全的交易保障。

需要注意的是，"美拍 M 计划"并不是向所有的美拍达人开放，需要满足一定的条件才可以参加，具体包括"美拍认证达人"和"近 30 天发布了视频"两个要求。其中"美拍认证达人"的难度比较大，不仅要求原创内容，而且对粉丝数量、作品数量和点赞量都有要求。

商家入驻"美拍 M 计划"后，可以发布推广任务，并且还可以根据成功完成的金额自助开具发票。"美拍 M 计划"可以提供如下服务，如图 10-5 所示。

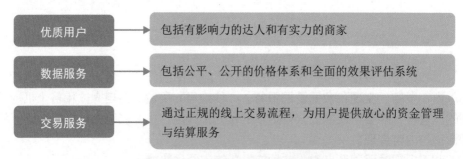

图 10-5 "美拍 M 计划"的服务

当达人接到系统发出的广告任务后，可以自行选择接单还是拒单。从订单创建开始的 24 小时内，如果达人没有进行操作，则订单会流单。达人接单后，需要根据商家的要求来拍摄短视频，并在规定的时间内提交任务，在客户端发布时选择相应任务即可完成提交。

另外，为保障广告视频的顺利发布，用户需在"美拍 M 计划"平台上为达人广告视频支付走单费用。走单的广告视频支持添加边看边买为电商导流。达人入驻"美拍 M 计划"后，可以关注公众号"美拍 M 计划"，点击"广告走单"即可操作，给自己视频走单。

专家提醒

如今，各大短视频平台都根据自己的平台特点，推出了各种各样的广告变现形式，来提升平台的竞争力。虽然它们的形式不同，但本质上都偏向更注重消费者体验的"原生态广告"，通过短视频这种简单粗暴的品牌曝光方式来抓住用户的胃口，更好地实现品牌转化。

10.2.6　抖音火山版：收益分成

抖音火山版原名火山小视频。2020 年 1 月，火山小视频更名为抖音火山版，并启用全新图标。抖音火山版是一款收益分成比较清晰、进入门槛较低的短视频平台。抖音火山版的定位从一开始就很准确，其口号就是"会赚钱的小视频"，牢牢地把握了运营者想要盈利的心理。

抖音火山版针对优质创作者推出了"火苗计划"，扶持与培养大量 UGC 原创达人。另外，抖音火山版还针对各行各业的专家推出了"百万行家"计划，投入 10 亿元的资金，来扶持这些职场达人、行业机构和相关 MCN，覆盖行业包括烹饪、养殖、汽修和装潢等。

抖音火山版是由今日头条孵化而成的，同时今日头条还为其提供了 10 亿元的资金补贴，以全力打造平台上的内容，聚集流量，炒热 App。因此抖音火山版的主要收益也是来自于平台补贴。

抖音火山版是通过火力值来计算收益的，10 火力值相当于 1 元钱，所以盈利是非常划算的，关键在于视频内容要有意义，最好是垂直细分，而不是低俗、无聊的视频内容。火力结算的方式包括微信、银行卡和支付宝等。除此之外，抖音火山版的钻石充值则是为直播中送礼物提供的功能，这也是一种收益来源。

10.3　变现秘诀，轻松盈利

在传统微商时代，转化率基本维持在 5% ~ 10% 之间，也就是说，100 万的曝光量最少也能达到 5 万的转化率。对于短视频这样庞大的数量流量风口，吸引力当然比微商更强。

当运营者手中拥有了优质的短视频，通过短视频吸引了大量的私域流量，该如何进行变现和盈利呢？有哪些方式是可以借鉴和使用的呢？本节将以抖音平台为例，展示 9 种短视频变现秘诀，帮助运营者通过短视频轻松盈利。

10.3.1 商品分享，轻松带货获取收益

"商品分享"功能，顾名思义，就是对商品进行分享的一种功能。运营者开通"商品分享"功能之后，便可以在抖音视频、直播和个人主页界面对商品进行分享。在抖音平台中，电商销售商品最直接的一种方式就是通过分享商品链接，为抖音用户提供一个购买的通道。对于运营者来说，无论分享的是自己店铺的东西，还是他人店铺的东西，只要商品卖出去了，就能赚到钱。

开通"商品分享"功能的抖音账号必须满足 4 个条件：一是通过了实名认证；二是缴纳 500 元的商品分享保证金；三是发布的非隐私且审核通过的视频数量大于或等于 10 条；四是抖音账号有效粉丝数大于或等于 1000 人。当 4 个条件都达成之后，运营者便可申请开通商品分享功能了。

运营者可以登录抖音短视频 App，在"我"界面的右上角点击▤按钮，在弹出的列表框中选择"创作者服务中心"选项，进入相应界面，点击"商品橱窗"按钮，如图 10-6 所示，即可进入"商品橱窗"界面。选择"商品分享权限"选项，即可进入"商品分享功能申请"界面，如图 10-7 所示。点击界面下方的"立即申请"按钮，即可申请开通"商品分享"功能。

图 10-6 进入"商品橱窗"界面

运营者开通"商品分享"功能之后，最直接的好处就是可以拥有个人"商品橱窗"，能够通过分享商品赚钱。"商品橱窗"就是抖音短视频 App 用于展示

商品的一个界面，或者说是一个集中展示商品的功能。"商品分享"功能成功开通之后，抖音账号的个人主页界面中将出现"商品橱窗"的入口，如图 10-8 所示。

图 10-7　选择"商品分享权限"选项　　　　图 10-8　　"商品橱窗"入口

抖音正在逐步完善电商功能，对运营者来说是好事，这意味着运营者能够更好地通过抖音卖货来变现。运营者可以在"商品橱窗管理"界面中添加商品，直接进行商品销售。"商品橱窗"除了会显示在信息流中，同时还会出现在个人主页中，方便用户查看该账号发布的所有商品。

在淘宝和抖音合作后，很多百万粉丝级别的抖音号都成了名副其实的"带货王"，捧红了不少产品，而且抖音的评论区也有很多"种草"的评语，让抖音成为"种草神器"。自带优质私域流量池、红人聚集地和商家自我驱动等动力，都在不断推动着抖音走向"网红"电商这条路。

10.3.2　抖音小店，抖音内部完成闭环

抖音小店是抖音针对短视频达人内容变现推出的一个内部电商功能，通过抖音小店就无须再跳转到外链去完成购买，直接在抖音内部即可实现电商闭环，让运营者更快变现，同时也为用户带来更好的消费体验。

抖音小店针对以下两类用户人群。

（1）小店商家。即店铺经营者，主要进行店铺运营和商品维护，并通过自然流量来获取和积累用户，同时支持在线支付服务。

（2）广告商家。可以通过广告来获取流量，售卖爆款商品。

要开通抖音小店，运营者首先需要开通"商品分享"功能，并且需要持续发布优质原创视频，同时解锁视频电商和直播电商等功能，才能进行申请，满足条件的抖音号运营者会收到系统的邀请信息。图10-9所示，为抖音小店的入驻流程。

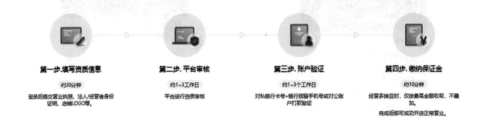

图10-9　抖音小店入驻流程

10.3.3　精选联盟，获得推广佣金收益

精选联盟是抖音为短视频运营者打造的CPS（Cost Per Sales，按商品实际销售量进行付费）变现平台，不仅拥有海量优质商品资源，而且还提供了交易查看和佣金结算等功能，其主要供货渠道为值点店铺。

运营者可以选择自己开店卖货，并入驻精选联盟。图10-10所示，为精选联盟的商家入驻标准。

商家入驻标准：
- DSR≥4.5，
- 60天好评率≥80%
- 店铺有效评价数≥20条
- 有效评价数不足20条时，仅可开通联盟试用版
- 每周三将对店铺进行检测，有条件不符合规则则会被清退，
  清退次数≥3次的店铺永久不可加入精选联盟

图10-10　精选联盟的商家入驻标准

运营者也可以选择通过帮助商家推广商品，来赚取佣金收入。运营者开通"商品分享"功能后，在发布视频时点击"添加商品"按钮进入相应界面，在顶部的文本框中粘贴商品链接，即可添加推广商品。当观众看到视频并购买商品后，运营者即可获得佣金收入，在"我的收入"界面可查看收入情况。

10.3.4　帮上热门，提升电商的点击率

"DOU＋上热门"是一款视频"加热"工具，运营者购买并使用后，可以将视频推荐给更多的兴趣用户，提升视频的播放量与互动量，并提升视频电商的

点击率。

"DOU +上热门"工具适合有店铺、有产品、有广告资源、有优质内容但账号流量不足的运营者。投放 DOU + 的视频必须是原创视频，内容完整度好，视频时长超过 7 秒，且没有其他 App 水印和非抖音站内的贴纸或特效。

打开抖音 App，依次点击"我 – 创作者服务中心 – 上热门"按钮，进入相应界面，选择要投放的短视频，点击"上热门"按钮，可以看到两种推广模式。

（1）速推版。运营者可以选择智能推荐人数和推广目标（点赞评论量或粉丝量），系统会统计投放金额，确认支付即可，如图 10-11 所示。

（2）定向版。运营者可以设置期望提升的目标，包括地理位置点击、点赞评论量和粉丝量；然后选择潜在兴趣用户类型，包括系统智能推荐、自定义定向推荐和达人相似粉丝推荐 3 种模式；最后设置投放金额，系统会显示对应的预计推广结果，确认支付即可，如图 10-12 所示。

图 10-11　速推版设置界面　　图 10-12　定向版设置界面

专家提醒

在定向版中，选择"自定义定向推荐"模式后，运营者可以设置潜在兴趣用户的性别、地域、兴趣标签等选项，获得更加精准的粉丝群体。

需要注意的是，系统会默认推荐视频给可能感兴趣的用户，建议有经验的运营者选择自定义投放模式，根据店铺实际的精准目标消费群体来选择投放用户。

投放 DOU ＋后，运营者可以在设置界面中选择"DOU ＋订单管理"选项进入其界面，查看订单详情。只要运营者的内容足够优秀，广告足够有创意，就有很大概率将这些用户转化为留存用户，甚至变为二次传播的跳板。

10.3.5 企业认证，帮助企业引流带货

成功认证"蓝 V"企业号后，将享有权威认证标识、头图品牌展示、昵称搜索置顶、昵称锁定保护、商家 POI 认领、私信自定义回复、DOU ＋内容营销工具和"转化"模块等多项专属权益，能够帮助企业更好地传递业务信息，与用户建立互动。

认证企业必须提供准入行业内的营业执照和《企业认证申请公函》，同时需要交审核服务费 600 元 / 次，最好由专属服务商提供帮助。

企业用户可以进入"抖音官方认证"界面，选择"企业认证"选项进入其界面，在此可以看到需要提供企业营业执照和企业认证公函，以及支付 600 元 / 次的认证审核服务费，准备好相关资料后点击"开始认证"按钮，如图 10-13 所示。接下来设置相应的用户名称、手机号码、验证码、发票接收邮箱以及邀请码等，并上传企业营业执照和企业认证公函，点击"提交"按钮即可，如图 10-14 所示。

图 10-13 "企业认证"界面

图 10-14 设置企业认证信息

通过抖音企业号认证，将获得如下权益。

（1）权威认证标识。头像右下方出现蓝"V"标志，彰显官方权威性。

（2）昵称搜索置顶。已认证的昵称在搜索时会位列第一，帮助潜在粉丝第一时间找到你。

（3）昵称锁定保护。已认证的企业号昵称具有唯一性，杜绝盗版冒名企业，维护企业形象。

（4）商家 POI 地址认领。企业号可以认领 POI（Point of Interest 的缩写，中文可以翻译为"兴趣点"）地址，认领成功后，在相应地址页将展示企业号及店铺基本信息，支持企业电话呼出，为企业提供信息曝光及流量转化。

（5）头图品牌展示。企业号可自定义头图，直观展示企业宣传内容，第一时间吸引眼球。"蓝 V"主页的头图，可以由企业号运营者自行更换并展示，运营者可以理解为这是一个企业自己的广告位。

（6）私信自定义回复。企业号可以自定义私信回复，提高与用户的沟通效率。通过不同的关键字设置，企业可以有目的地对用户进行回复引导，并且不用担心回复不及时导致用户流失，提高企业与用户的沟通效率，减轻企业号的运营工作量。

（7）"DOU＋"功能。可以对视频进行流量赋能，企业号可以付费推广视频，将自己的作品推荐给更精准的人群，提高视频播放量。

（8）"转化"模块。抖音会针对不同的垂直行业，开发"转化"模块，核心目的就是提升转化率。如果企业号是一个本地餐饮企业，可以在发布的内容中附上自己门店的具体地址，通过导航软件为门店导流。例如，高级"蓝 V"认证企业号可以直接加入 App 的下载链接。

10.3.6　认证 POI，提升粉丝转化效率

如果运营者拥有自己的线下店铺，或者跟线下企业有合作，则建议运营者一定要认证 POI，这样可以获得一个专属的唯一地址标签。只要能在高德地图上找到运营者的实体店铺，认证后即可在短视频中直接展示出来。

运营者在上传视频时，若给视频进行定位，则在红框位置显示定位的地址名称、距离和多少人来过的基本信息，点击定位后，跳转到"地图打卡"功能页面，在该页面能够显示地址的具体信息和其他用户上传的与该地址相关的所有视频。

运营者可以通过 POI 页面，建立与附近粉丝直接沟通的桥梁，向他们推荐商品、优惠券或者店铺活动等，可以为线下门店有效导流，同时能够提升转化效率。

10.3.7　小程序，扩宽视频变现的渠道

抖音小程序实际上就是抖音短视频内的简化版 App，和微信小程序功能相同。抖音小程序具备了一些原 App 的基本功能，而且无须另行下载，只要在抖音短视频 App 中进行搜索，点击进入即可直接使用。

对于抖音运营者来说，销售渠道越多，产品的销量通常就会越有保障。而随着抖音小程序的推出，抖音电商运营者便相当于多了一个产品的销售渠道。

抖音小程序主要面向字节跳动平台的所有产品线用户，不同小程序 / 小游戏可以满足不同种类的用户需求。抖音小程序支持个人与企业开发者，只要有优质内容或优质服务，即可使用小程序进行导流，解决开发者流量与转化的困扰。

运营者可以通过字节跳动小程序开发者平台来开发并投放小程序，具体接入流程如图 10-15 所示。

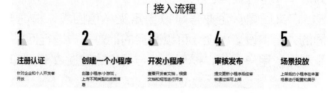

图 10-15　抖音小程序的接入流程

运营者有了自己的抖音小程序后，便可以在视频播放界面中插入抖音小程序链接，用户只需点击该链接，便可以直接进入对应的链接位置。和大多数电商平台相同，在抖音小程序中可以直接销售商品。用户进入对应小程序之后，选择需要购买的商品，并支付对应的金额，便可以完成下单。除此之外，运营者还可以通过设置，让自己的抖音小程序能被抖音用户分享出去，从而为抖音用户的购物提供更好的便利。

10.3.8　多闪 App，拥有更多盈利机会

多闪 App 是今日头条发布的一款短视频社交产品。多闪 App 拍摄的小视频可以同步到抖音，非常像微信的朋友圈视频玩法。多闪 App 的定位是社交应用，不过是以短视频为交友形态。微信的大部分变现产业链，同样适用于多闪。

多闪 App 可以帮助抖音运营者沉淀短视频流量，将在抖音上形成的社交关系直接引流转移到多闪平台，通过自家平台维护这些社交关系，帮助运营者降低用户结成关系的门槛。

多闪 App 还能为运营者带来更多的变现机会。

（1）抽奖活动。在多闪 App 推出时，上线了"聊天扭蛋机"模块，运营者只需要每天通过多闪 App 与好友聊天，即可参与抽奖，而且红包额度非常大。

（2）支付功能。抖音基于运营者的变现需求开发了电商卖货功能，同时还与阿里巴巴、京东等电商平台合作，在多闪 App 中推出"我的钱包"功能，它可以绑定银行卡、提现、查看交易记录和管理钱包等，便于运营者变现，如图 10-16 所示。

（3）多闪号交易变现。运营者可以通过多闪号吸引大量精准粉丝，有需求的企业可以通过购买这些流量大号来推广自己的产品或服务。

（4）多闪随拍短视频广告。拥有大量精准粉丝流量的多闪号，完全可以像抖音号和头条号那样，通过短视频贴牌广告或短视频内容软广告来实现变现。

图 10-16　"我的钱包"功能

10.3.9　出版图书，IP 带动图书的销量

图书出版，主要是指短视频运营者在某一领域或行业经过一段时间的经营，拥有了一定的影响力或者一定经验之后，将自己的经验进行总结，然后进行图书出版，以此获得收益的盈利模式。

只要抖音短视频运营者本身有基础与实力，那么采用出版图书收益还是很乐观的。

例如，抖音号"手机摄影构图大全"的运营者便是采取这种方式获得盈利的。该运营者通过抖音短视频、微信公众号和今日头条等平台，积累了近 20 万粉丝，成功塑造了一个 IP，如图 10-17 所示。

该运营者结合个人实践与经验，编写了一本手机摄影方面的图书，如图 10-18 所示。该书出版之后短短几天，仅"手机摄影构图大全"这个抖音号售出的数量便达到了几百册，由此不难看出其欢迎程度。而这本书之所以如此受欢迎，除了内容对读者有吸引力之外，与"手机摄影构图大全"这个 IP 也是密不可分的，部分抖音用户就是冲着"手机摄影构图大全"这个 IP 来买书的。

图 10-17 "手机摄影构图大全"的抖音号主页和相关短视频

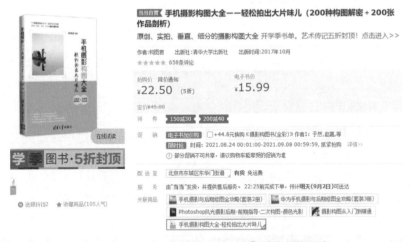

图 10-18 "手机摄影构图大全"编写的摄影书

另外，当运营者的图书作品火爆后，还可以通过售卖版权来变现，小说等类别的图书版权可以用来拍电影、电视剧或者网络剧等，这种收入相当可观。当然，这种方式可能比较适合那些成熟的短视频团队，如果作品拥有了较大的影响力，便可进行版权盈利变现。